校企合作系列教材

大数据技术应用

主　编　陈品华　赵家贝　东　苗

副主编　赵晨伊　袁玉强　蒋　婷

内容提要

本书通过8个项目,介绍了大数据常用技术。其中项目1主要介绍了大数据的理论框架。项目2、项目3分别介绍了虚拟化技术和Linux操作系统。项目4介绍了Hadoop分布式系统,包括搭建、运维、HDFS常用操作和MapReduce工作原理。项目5介绍了数据采集技术,包括网络爬虫、Flume数据采集和Kafka数据采集。项目6介绍了数据预处理技术,包括数据的清洗、转换、集成和规约。项目7介绍了数据仓库工具Hive,包括Hive部署、存储和分析。项目8介绍了数据可视化技术,包括Python的Matplotlib、Seaborn和Pyecharts库。本书通过具体的任务,引导读者逐步深入,最终掌握大数据采集、处理、分析与可视化的一系列技能。

本书可作为高校大数据相关课程的教材或教学参考书,也可以作为人工智能、大数据相关从业者的自学参考书。

图书在版编目(CIP)数据

大数据技术应用/陈品华,赵家贝,东苗主编.
上海:上海交通大学出版社,2025.1.—ISBN 978-7-313-31959-3

Ⅰ.TP274

中国国家版本馆CIP数据核字第2024PT6037号

大数据技术应用

DASHUJU JISHU YINGYONG

主　　编:陈品华　赵家贝　东　苗

出版发行:上海交通大学出版社　　地　　址:上海市番禺路951号

邮政编码:200030　　电　　话:021-64071208

印　　制:上海万卷印刷股份有限公司　　经　　销:全国新华书店

开　　本:787mm×1092mm　1/16　　印　　张:12.75

字　　数:284千字

版　　次:2025年1月第1版　　印　　次:2025年1月第1次印刷

书　　号:ISBN 978-7-313-31959-3

定　　价:68.00元

Preface

前 言

在当今这个数据驱动的时代,大数据已成为推动社会进步、产业升级和科技创新的重要引擎。从商业智能到人工智能,从智慧城市到精准医疗,大数据的应用无处不在,其深度与广度正以前所未有的速度拓展。然而,要充分利用大数据的价值,不仅需要深刻理解其背后的技术原理,更需要掌握一套行之有效的应用与实践技能。

本书正是为了顺应这一时代潮流,帮助读者深入理解大数据技术的核心概念,掌握大数据处理与分析的实践技能而精心编写的。全书不仅涵盖了大数据技术的基础理论,还通过8个精心设计的项目,通过具体的任务实施,引导读者逐步深入,从理论走向实践,逐步具备解决复杂大数据问题的能力。

本书的主要项目及学习目标如下。

(1)“走进大数据世界”通过“认识大数据”“了解相关开发技术及环境”和“了解相关开发语言”三个任务,为读者搭建起大数据的初步理论框架,为后续深入学习奠定坚实基础。

(2)“虚拟化技术”通过“深入探索虚拟化技术”“安装和打开VMWare”“在VMWare上安装和使用虚拟机”以及“学会使用远程连接工具”等任务,让读者掌握虚拟化技术及其在大数据环境部署中的关键作用。

(3)“Linux操作系统应用”聚焦于Linux系统的基础与进阶,通过一系列任务帮助读者熟练掌握Linux命令,为在Linux环境下进行大数据开发做好准备。

(4)“Hadoop分布式系统”从“从0搭建Hadoop集群”到“学会Hadoop集群运维”,再到“掌握HDFS常用操作”和“理解分布式计算框架MapReduce”,本项目旨在带领读者深入了解并实践Hadoop分布式系统的构建与运维。

(5)“数据采集技术”涵盖了网络数据采集、Flume数据采集和Kafka数据采集等多种技术,通过具体任务实施,让读者掌握高效、准确的数据采集方法。

(6)“数据预处理技术”围绕数据预处理的核心环节,如数据清洗、转换、集成和规约,设计了一系列任务,帮助读者掌握数据预处理的关键技能。

(7)“数据仓库工具Hive”在Hadoop平台上搭建Hive,并通过任务学习Hive的数据存储与数据分析技术，使读者能够利用 Hive 进行高效的数据仓库管理和查询分析。

（8）“数据可视化技术”通过掌握 Matplotlib、Seaborn 和 Pyecharts 等流行数据可视化库，帮助读者将复杂的数据分析结果以直观、美观的图形方式呈现出来，提升“讲述”数据的能力。

本书不仅是一本教材，更是一本实践指南。我们希望通过这本书，能够激发读者对大数据技术的兴趣与热情，引导大家在大数据的海洋中不断探索、实践与创新。让我们携手并进，在大数据的浪潮中共同书写属于我们的辉煌篇章！

Contents

目　录

项目 1

走进大数据世界

项目概述

本项目旨在通过三个核心任务，介绍大数据的概念、相关开发技术及环境，以及用于大数据开发的编程语言。

项目目标

- 认识大数据
- 了解相关开发技术及环境
- 了解相关开发语言

任务 1.1　认识大数据

大数据给工作和生活带来了便利，提供了诸如个性化推荐、供应链管理、资源分配、趋势预测等各种各样的服务，那么到底什么是大数据呢？通过本任务，读者将对大数据的时代背景、定义与特点、来源、价值与应用、组成和发展趋势有一个更深入的认识。

1. 大数据的时代背景

随着信息技术的飞速发展，我们迎来了一个数据爆炸的时代，这就是大数据的时代。在过去的几十年里，互联网的普及、移动设备的广泛使用以及物联网的崛起，都极大地推动了数据的产生和积累。大数据不仅改变了我们处理和分析数据的方式，也深刻地影响了商业、科研、政府决策等多个领域，成为推动社会进步和发展的重要力量。

在商业领域，大数据的应用已经渗透到企业运营的各个环节。通过对海量数据的收集、存储、处理和分析，企业能够更准确地把握市场趋势，优化产品设计和生产流程，提升客户服务质量，从而在激烈的市场竞争中占据有利地位。同时，大数据也为企业的精准营销提供了可能，通过挖掘用户行为数据，实现个性化推荐和精准投放，提高营销效率和效果。

在科研领域，大数据为科学家们提供了前所未有的研究资源。通过收集和分析各种类型的数据，科学家们能够更深入地了解自然规律和社会现象，推动科学研究的进步。例如，在生物医学领域，对基因数据和健康数据的分析，可以加速对疾病的研究和新治疗方法的发现；在地球科学领域，通过遥感卫星收集的气象、地质等数据，可以有助于预测自然灾害的发生和演变。

在政府决策领域，大数据也发挥着越来越重要的作用。政府可以通过收集和分析社会、经济、环境等多方面的数据，为政策制定和决策提供更科学的依据。同时，大数据也有助于政府提高公共服务的效率和质量，通过智能化管理和个性化服务，满足公众日益增长的需求。

总之，大数据已经成为当今社会不可或缺的一部分。它不仅改变了我们处理和分析数据的方式，也深刻地影响了商业、科研、政府决策等多个领域。因此，了解大数据的概念、特点和应用，掌握大数据技术的基本知识和技能，对于个人和企业来说都具有重要的意义。

2. 大数据的定义与特点

大数据是指规模巨大、复杂多变、难以用常规数据库和软件工具进行管理和处理的数据集合。这些数据不仅包含传统结构化数据（如关系型数据库中的表格数据），还包括非结构化数据（如文本、图片、音频、视频等）和半结构化数据（如日志文件、社交媒体数据等）。只有新的处理模式才能具有更强的决策力、洞察发现力和流程优化能力，来适应海量、高增长率和多样化的信息资产。

大数据具有四大特性，即大量（Volume）、高速（Velocity）、多样（Variety）、价值（Value），如图 1－1 所示。具体来说，大数据具有以下几个关键特点：

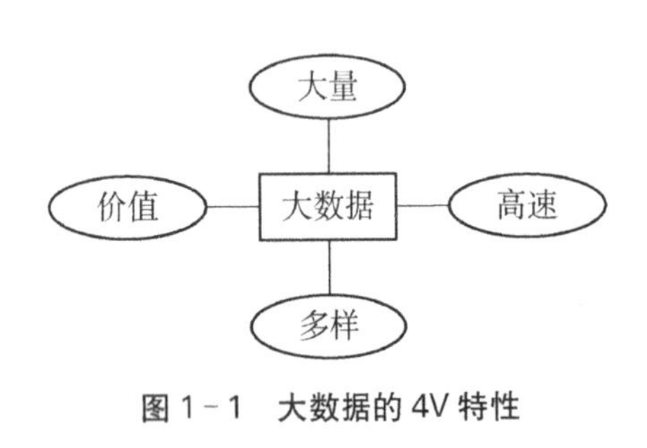

图 1－1　大数据的 4V 特性

（1）数据量巨大：大数据的首要特征就是数据规模大，通常以万亿字节（Terabyte，TB）、千万亿字节（Petabyte，PB）、艾字节（Exabyte，EB）等计量单位。这种数据量的增长的原因在于各种数字化设备和应用的普及，如社交媒体、电子商务、物联网等产生的数据量，已远远超过传统数据库的处理能力。

（2）处理速度快：大数据必须处理得非常快，以便在有限的时间内获取到有价值的信息。大数据涉及数据的快速生成和处理，数据处理的实时性和高效性要求高，这包括数据的快速产生、快速传输、快速处理和快速反馈等。

（3）数据类型繁多：大数据不仅包括传统的结构化数据，如数据库中的表格数据，还包括非结构化数据，如文本、图片、音频、视频等。此外，还有半结构化数据，如 xml、json 等格式的数据。

（4）价值密度低：大数据的价值密度相对较低，也就是说，有价值的信息在庞大的数据中所占的比例较小。因此，需要通过有效的数据处理和分析技术来提取有用的信息。

大数据技术的应用范围非常广泛，涵盖了商业、科研、政府决策等多个领域。通过大数据技术，企业可以更好地了解市场趋势和消费者需求，优化产品设计和生产流程，提高客户服务质量；科研人员可以进行更深入的研究和探索；政府可以进行政策制定和决策优化等。

大数据与传统数据的区别主要体现在数据规模、数据类型、处理方式、价值密度、处理速度和时效性等方面。在数据规模方面，传统数据技术的数据量相对较小，通常可以在关系型数据库中进行处理；而大数据的数据量巨大，超出了传统数据库软件工具的处理能力范围。在数据类型方面，传统数据主要集中在结构化数据上，而大数据则包括结构化、非结构化和半结构化数据，类型更加多样。在处理方式方面，传统数据处理通常使用关系型数据库分析工具；而大数据处理需要采用新的处理模式和技术，如分布式计算、数据挖掘、机器学习等。在价值密度方面，传统数据技术主要关注数据的关联性和价值创造；而大数据技术则更注重对海量数据的深入分析和价值挖掘，以提供更强的决策力、洞察发现力和流程优化能力。在处理速度和时效性方面，大数据处理速度快，要求实时分析和处理数据，以便在有限的时间内获取到有价值的信息；传统数据处理速度相对较慢，通常不需要实时处理。

总之，大数据在数据量、数据类型、处理方式和价值挖掘等方面与传统数据存在显著差异。随着数据量的不断增长和数据处理技术的不断发展，大数据技术将在未来发挥更加重要的作用。

3. 大数据的来源

大数据的来源非常广泛且多样化，这些来源涵盖了从个人用户到大型企业，从互联网到物联网等多个领域。

（1）交易数据：刷卡机（POS机）数据、信用卡刷卡数据、购物车数据、库存数据等来源于企业和消费者的交易活动的数据。随着电子商务的快速发展，每天都会有大量的交易数据产生。例如，在“双十一”这样的购物狂欢节，各大电商平台在短短几小时内就能产生数以亿计的交易记录。

（2）互联网数据：通过搜索引擎、社交媒体、新闻网站等渠道收集的数据，包括用户搜索历史、网页浏览记录、社交媒体上的评论和分享等。社交媒体平台如微博、微信等，每天都会产生海量的用户生成内容（User Generated Content，UGC），这些内容不仅数量庞大，而且形式多样，包括文本、图片、视频等。

（3）移动设备数据：通过智能手机、全球定位系统（GPS）和其他移动设备收集的数据，如用户位置信息、移动轨迹、消费记录等。随着智能手机的普及和移动应用的丰富，移动设备数据已经成为大数据的重要来源之一。

（4）传感器数据：通过各种传感器设备收集的数据，包括智能家用电器、智能温度控制器、智能照明等。这些数据反映了设备的状态、使用情况等信息。例如，在物联网领域，通过安装在家居设备中的传感器可以实时监测家庭的能源消耗情况，从而实现智能节能。

（5）视频和音频数据：包括监控视频、电视节目、音频记录等。这些数据在人脸识别、语音识别等应用中发挥着重要作用。随着安防监控系统的普及和音视频技术的发展，视频和音频数据已经成为大数据的重要组成部分。

(6) 数据库数据:各个企业和组织内部的业务数据,如客户信息、销售数据、财务数据等。这些数据对于企业的运营和管理至关重要。通过爬虫技术或其他技术获取这些数据,可以为企业提供更全面的市场分析和竞争情报。

需要注意的是,大数据的获取、存储和处理具有显著的复杂性。由于大数据的来源广泛且多样,获取这些数据需要借助各种技术和工具,如网络爬虫、应用程序编程(Application Programming Interface, API)接口、数据仓库等。不同来源的数据可能在格式、结构和标准上存在差异,需要进行统一的标准化处理。大数据的规模庞大,传统的数据存储方式难以满足需求,需要采用分布式存储系统(如 Hadoop HDFS)、分布式数据库系统(如 Apache Cassandra、HBase、MongoDB 等)。这些系统可以容纳大规模数据集,并提高可用性和容错性。但同时,也需要考虑数据的备份、容灾和安全性等问题。大数据的处理需要借助强大的计算能力和先进的算法。传统的数据处理方法已经无法满足大数据处理的需求,需要采用分布式计算框架(如 Apache Hadoop 和 Apache Spark)进行并行处理,执行复杂的计算任务和数据分析。数据清洗和转换是处理过程中的重要环节,用于去除错误、不一致和不必要的信息。这可以通过提取、转换、加载工具(Extract-Transform-Load, ETL)来完成。大数据的查询和分析功能也至关重要,需要使用 Hive、Presto 等结构化查询工具(Structured Query Language, SQL)以及 Elasticsearch 等全文搜索工具。此外,大数据的安全性、扩展性和实时处理能力也是处理过程中需要重点考虑的问题。系统需要实施访问控制、数据加密和审计跟踪等安全措施来保护数据;同时,需要能够轻松扩展以处理不断增长的数据量;对于某些应用,还需要实现实时数据处理以满足业务需求。

4. 大数据的价值与应用

大数据的价值与应用体现在多个方面,尤其是在帮助企业优化运营、提升效率、驱动创新等方面。具体来说,大数据的价值主要体现在以下方面:

(1) 大数据在优化企业运营方面发挥着重要作用。通过对海量数据的收集和分析,企业可以深入了解自身的运营状况,包括生产线的运行效率、供应链管理、库存周转率等。这些数据能够揭示潜在的问题和瓶颈,企业可以据此进行优化和改进。例如,在制造业中,企业可以利用大数据分析生产线的运行数据,找到生产效率低下的环节,并有针对性地进行改进,从而提高整体的生产效率。

(2) 大数据能够显著提升企业的运营效率。通过实时监控和预测性分析,企业可以更加精准地预测市场需求、优化库存管理、降低运营成本。例如,在零售行业,企业可以利用大数据分析消费者的购买历史和浏览记录,预测消费者的购物需求,并据此调整库存和营销策略,以减少库存积压和浪费,提高销售额和利润率。

(3) 大数据还是企业驱动创新的重要工具。通过对海量数据的深度挖掘和分析,企业可以发现新的市场机会、创新产品和服务模式。例如,在金融领域,企业可以利用大数据分析消费者的信用记录和交易数据,评估消费者的信用风险,并据此提供更加个性化的贷款和理财服务。这种基于大数据的创新模式不仅可以满足消费者的多样化需求，还可以为企业带来新的增长点。

大数据技术在医疗、金融、零售和交通等领域具有广泛应用。以下是大数据在不同领域的应用案例：

(1) 在医疗领域，大数据的应用体现在电子病历的创建和使用上。医生可以通过电子病历快速访问患者的历史记录，提高诊断的准确性和效率。此外，大数据还可以用于预测分析，通过分析患者的健康记录、保险记录等信息，预测患者可能需要的医疗服务，从而帮助医生制定更加精准的治疗方案。

(2) 在金融领域，大数据的应用主要集中在风险管理和贷款服务上。例如，银行可以利用大数据分析客户的交易记录、信用记录等信息，评估客户的信用风险，并据此制定贷款政策和利率。此外，一些金融科技公司还利用大数据为客户提供更加个性化的贷款服务，如基于消费习惯和购物记录调整贷款额度等。

(3) 在零售领域，大数据的应用主要体现在精准营销和库存管理上。通过分析消费者的购买历史、浏览记录等数据，企业可以了解消费者的购物偏好和需求，并据此进行个性化的推荐和定制化服务。同时，企业还可以利用大数据分析预测销售趋势和库存需求，从而优化库存管理，减少库存积压和浪费。

(4) 在交通领域，大数据的应用体现在智能交通平台的构建和智能交通安全管理系统上。通过收集和分析交通流量、事故数据等信息，企业可以预测交通拥堵和安全隐患，并据此调整交通信号灯和道路布局等，从而提高交通运行效率和安全性。

综上所述，大数据在优化企业运营、提升效率、驱动创新方面发挥着重要作用，并在医疗、金融、零售和交通等领域有着广泛的应用前景。随着技术的不断进步和应用场景的拓展，大数据将继续为企业和社会带来更多的价值和机遇。

5. 大数据技术的组成

大数据技术栈是一个包含数据采集、存储、处理、分析和可视化等关键技术的复杂体系。这些技术在大数据处理流程中各自扮演着重要的角色，并且相互关联、相互依赖，共同构建了一个完整的大数据生态系统，如图 1 - 2 所示。

数据采集是大数据处理流程的第一步，它涉及从各种数据源中收集、整理和传输数据。这些数据源可能包括数据库、日志文件、社交媒体、物联网设备等。在数据采集阶段，涉及的技术包括 Flume、Logstash、Sqoop 等，这些都是常用的数据采集工具。Flume 是一个分布式、可靠、高可用的数据采集系统，支持定制各类数据发送方，并能够对数据进行简单的预处理和传输。Logstash 则是一个开源的服务器端数据处理管道，能够同时从多个来源采集数据，并将其发送到各种存储库中。Sqoop 是一款开源的工具，主要用于在 Hadoop(Hive)与传统的数据库(如 MySQL、PostgreSQL 等)之间进行数据的传递。

数据存储是大数据处理流程中的关键环节，它涉及将采集到的数据存储到适当的存储系统中，以便后续处理和分析。其中涉及的关键技术包括 HBase、HDFS、Kudu 等。HBase 是一个基于谷歌分布式数据存储系统(Google Bigtable)的开源实现，具有高可靠

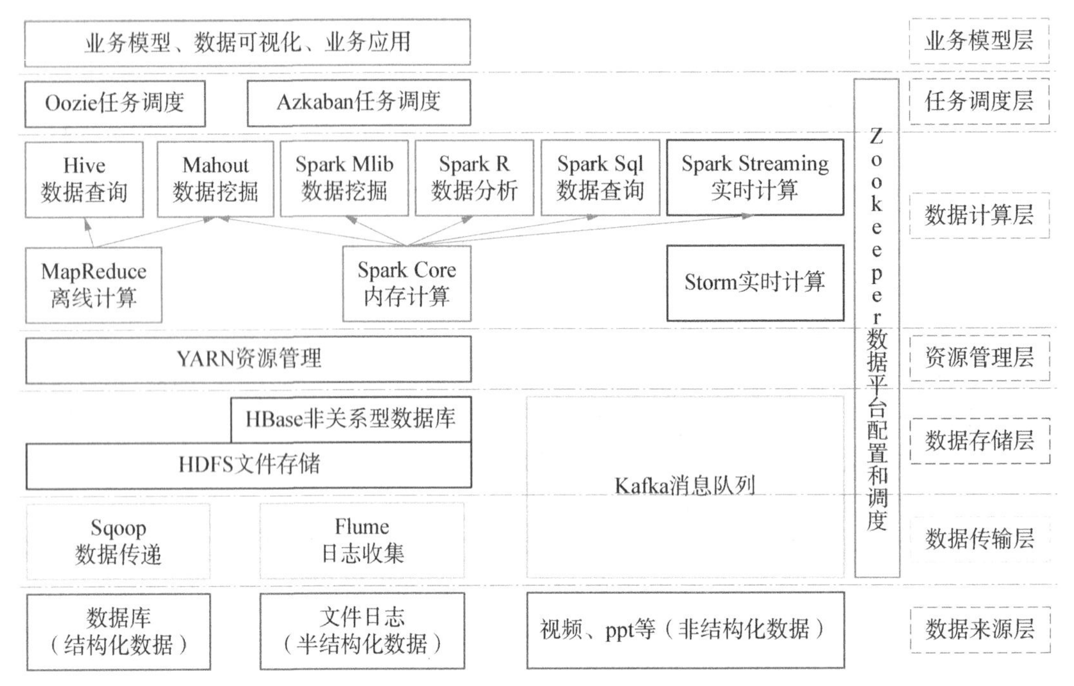

图 1-2　大数据技术栈

性、高性能、面向列、可伸缩性等特点，主要用于海量结构化和半结构化数据存储。HDFS则是一个分布式文件系统，具有高容错、高吞吐、高可用等特点，能够存储大量的数据。Kudu是一个开源的存储引擎，专为快速分析大数据集而设计。Kudu不只是一个简单的数据存储系统，它提供了列式存储、强一致性、高可用性、水平扩展性，并支持实时分析。

数据处理是大数据处理流程中的核心环节，它涉及对存储的数据进行清洗、转换、集成等操作，以得到可用于分析的高质量数据。涉及的相关技术有MapReduce、Spark等。MapReduce是一个编程模型，它将数据处理任务划分为映射（Map）和归约（Reduce）两个阶段，适用于大规模数据集的处理。Spark则是一个快速、通用的大规模数据处理引擎，提供了内存计算、流处理、图计算等多种计算模型。

数据分析是大数据处理流程中的关键步骤，它涉及对处理后的数据进行深入挖掘和分析，以发现有价值的信息和知识。在数据分析阶段，数据挖掘、统计分析、机器学习等都是常用的分析技术。这些技术可以帮助企业从大数据中发现市场趋势、用户行为模式、潜在商机等有价值的信息。

数据可视化是将数据分析结果以图形、图表等可视化形式展示给用户的过程，它有助于用户更加直观地理解和分析数据。Tableau、PowerBI、ECharts等都是常用的数据可视化工具。这些工具提供了丰富的可视化组件和交互功能，可以帮助用户快速构建各种类型的数据可视化应用。

在大数据处理流程中，这些技术相互关联、相互依赖。数据采集为数据处理提供了原始数据；数据存储为数据处理和分析提供了持久化的支持；数据处理为数据分析提供了干净、一致的数据基础；数据分析则从处理后的数据中提取有价值的信息和知识；而数据可视化则将这些有价值的信息以直观的形式展示给用户。因此，大数据技术栈中的各个技术环节都至关重要，它们共同构建了一个完整的大数据生态系统。

6. 大数据的发展趋势

大数据技术未来的发展将呈现多元化和深度融合的趋势，特别是与云计算、人工智能、区块链等技术的结合将更加紧密。随着技术的不断发展，大数据领域的新技术、新应用层出不穷。为了保持竞争力，大数据从业者需要不断学习新知识、掌握新技能。

随着大数据量的不断增长，传统的数据处理和存储方式已经难以满足需求。云计算以其弹性扩展、高可用性、低成本等优势，成为大数据处理的重要基础设施。未来，大数据与云计算的深度融合将体现在更多方面，如大数据平台全面上云、云计算厂商推出更多基于大数据的增值服务、传统大数据厂商转向依托云提供服务等。这将使大数据的处理更加高效、灵活，并降低企业的IT成本。

人工智能技术的发展离不开大数据的支持，而大数据也需要更先进的人工智能技术来处理和分析。两者的结合将使数据分析更加智能化、自动化。人工智能技术可以通过无监督学习等方式分析大数据，识别潜在的数据模式，进行深度挖掘，从而为企业提供更准确、更有价值的信息。同时，人工智能也可以帮助大数据处理自动化，减少人为干预，提高效率。

区块链技术以其去中心化、不可篡改的特性，为大数据的采集、存储和处理提供了前所未有的信任机制。这将使大数据在分析和应用时能够确保数据的真实性和完整性。区块链与大数据的融合将带来许多创新应用，如智能合约与自动化执行、供应链管理与优化、精准营销与个性化服务等。这将进一步推动大数据技术在各个领域的广泛应用。

大数据技术的未来发展方向将与云计算、人工智能、区块链等技术紧密结合，形成一个多元化、深度融合的技术体系。在这个过程中，持续学习和适应新技术的重要性不言而喻。

任务1.2 了解相关开发技术及环境

大数据服务需要依托于专业的软硬件环境而部署，本任务将引导大家了解与大数据密切相关的开发技术及环境，包括虚拟化技术、远程连接工具、编程环境、可视化工具以及Hadoop生态。

1. 虚拟化技术

大数据和虚拟化环境之间存在着紧密而复杂的关系，虚拟化技术为大数据处理提供了高效、灵活、可扩展的资源支持。虚拟化技术通过将物理资源（如计算资源、存储资源、网络资源等）虚拟化为多个逻辑资源，让多个虚拟机或容器共享这些逻辑资源，实现了资源的高效分配和共享。在大数据环境下，数据运算量非常大，虚拟化技术可以有效地将大数据处理任务分配到多个虚拟机上运行，提高系统的资源利用率和响应速度，同时降低硬件成本。

虚拟化环境可以根据大数据处理的需求，通过调节虚拟机的计算能力和存储空间来适应不同的任务。这意味着，当大数据处理任务增加或减少时，虚拟化环境可以快速地进行资源调整，满足系统的动态需求。此外，虚拟化技术还可以为不同的大数据处理任务提供不同的资源和服务设置，从而更好地满足不同用户和应用的需求，提高系统的灵活性和可扩展性。

那么，什么是虚拟化技术呢？虚拟化技术，简而言之，就是将物理资源（如 CPU、内存、存储等）转化为虚拟资源，使得这些虚拟资源能够像物理资源一样被使用和管理。这种技术的出现，极大地提高了硬件资源的利用率，降低了 IT 成本，同时也增强了系统的灵活性和可扩展性。虚拟化技术已成为现代 IT 架构不可或缺的一部分。虚拟化技术具有如下优势。

（1）提高硬件资源利用率：通过虚拟化，可以充分利用物理服务器的硬件资源，减少物理服务器的数量，降低 IT 成本。

（2）简化管理：通过虚拟化平台，可以集中管理多个虚拟机，实现资源的快速部署和迁移，提高管理效率。

（3）提高可用性：虚拟机可以在不同的物理服务器之间快速迁移，确保服务的连续性和可用性。

在信息技术的浩瀚海洋中，虚拟化技术无疑是一颗璀璨的明珠，它以其独特的魅力和广泛的应用前景，吸引了众多科技巨头的目光。而这其中，VMWARE 凭借其卓越的虚拟化解决方案，成为这一领域的佼佼者。VMWare 是一款成熟的虚拟化软件，它可以将物理服务器虚拟化，使得在一台物理服务器上运行多个虚拟机成为可能。其产品线包括 VMware ESXi、VMware vCenter Server 等，为用户提供从基础架构到应用的全面虚拟化解决方案。这些解决方案不仅具有高效、稳定、可靠的特点，而且能够根据不同的业务需求进行灵活配置和扩展。

VMWARE 的虚拟化解决方案是基于虚拟化技术构建的。无论是其核心的 ESXi hypervisor，还是用于集中管理的 vCenter Server，都充分利用了虚拟化技术的优势，为用户提供了高效、可靠的虚拟化服务。VMWARE 的虚拟化技术广泛应用于各种场景，如数据中心、企业应用、云计算等。在这些场景中，VMWARE 通过虚拟化技术实现了资源的共享、隔离和动态分配，从而提高了系统的可用性和灵活性。

2. 远程连接工具

在大数据技术的广泛应用中，远程连接工具扮演着至关重要的角色。这些工具不仅提高了数据处理的效率，还促进了远程协作和数据管理的便捷性。在大数据环境中，数据的处理和分析往往需要跨越多个服务器和数据中心。远程连接工具允许用户从任何地点、任何时间访问和操作这些远程资源，从而极大地提高了工作效率和灵活性。此外，这些工具还提供了图形化用户界面，使得用户可以更加方便地管理和操作大数据系统，减少了因误操作或复杂命令而导致的错误和麻烦。

常见的远程连接工具有 Xshell、PuTTY、SecureCRT、MobaXterm 等。使用这些工具,用户可以方便地连接到远程服务器,进行文件传输、命令执行和远程控制等操作。这些工具在大数据环境中非常实用,因为它们允许用户从不同的设备和操作系统访问和管理远程资源。

(1) Xshell:一个强大的安全终端模拟软件,支持 SSH1、SSH2 以及 Windows 平台的 TELNET 协议。它允许用户通过 Windows 界面访问远端不同系统下的服务器,实现远程控制。

(2) PuTTY:一个免费的 SSH 和 telnet 客户端,最初由西蒙·泰瑟姆(Simon Tatham)为 Windows 平台开发。PuTTY 支持多种连接协议,并提供了多种安全特性,如公钥认证、加密等。

(3) SecureCRT:一款功能强大的终端仿真程序,专为 Windows、Mac 和 Linux 平台设计,支持 SSH(SSH1 和 SSH2)协议,并兼容 TELNET 和 RLOGIN 等连接协议。

(4) MobaXterm:一个多功能的远程桌面和终端模拟程序,支持多种协议(SSH、X11、RDP、VNC、FTP 等),并集成了 Unix 命令(bash、ls、cat 等)。

3. 编程环境

大数据技术可能会涉及的编程环境涵盖了多种工具,它们各自在数据处理、分析和应用开发中扮演着重要角色。以下为几种常见的开发环境:

(1) Shell:Shell 是一种命令行界面(Command-Line Interface, CLI)下的脚本语言,用于执行命令和脚本。在大数据领域,Shell 脚本常用于编写数据处理和分析任务的自动化脚本,以便快速而有效地处理大规模的数据集。Shell 脚本编程功能强大,支持循环结构、条件判断语句、变量和函数等,为复杂数据处理逻辑提供了便利。

(2) Anaconda:Anaconda 是一个开源的 Python 发行版本,包含了 Conda、Python 以及众多科学包及其依赖项。它的主要特点是提供了一个包和环境管理器 Conda,能够在同一台机器上安装不同版本的软件包及其依赖,并能够在不同的环境之间切换。对于大数据处理和分析,Anaconda 中的 NumPy、Pandas 等库为数据处理和分析提供了强大的支持。

(3) IntelliJ IDEA(包括其针对大数据开发的版本):IntelliJ IDEA 是一款功能强大的 Java 集成开发环境(Integrated Development Environment, IDE),广泛应用于大数据开发、Web 应用程序和企业级应用程序的开发。它提供了智能代码编辑器、丰富的插件支持、集成版本控制系统等功能,帮助开发者提高开发效率。对于大数据开发,IDEA 可以配合 Apache Spark 等框架,实现大数据处理的开发、调试和部署。

(4) Eclipse:Eclipse 是一款开源的 Java IDE,也支持其他多种编程语言。它拥有强大的代码编辑、调试和版本控制功能,并支持大量插件以扩展其功能。在大数据领域,Eclipse 常用于 Hadoop 等项目的开发,与相关插件结合,可以方便地编写、调试和运行 Hadoop 程序。

(5) PyCharm:PyCharm 是 JetBrains 公司开发的 Python IDE,为 Python 编程提供了强大的支持。它支持代码自动补全、语法高亮、调试、版本控制等功能,帮助开发者更有效地编写和维护 Python 代码。在大数据领域,PyCharm 可以用于数据处理、数据分析和机器学习等任务的开发,结合 Pandas、NumPy 等库,可以方便地进行数据操作和分析。

以上只是列举了部分开发环境,这些编程环境在大数据技术的应用中都扮演着重要角色。Shell 提供了自动化脚本编写的功能,Anaconda 为 Python 数据科学提供了全面的支持,IntelliJ IDEA 和 Eclipse 则提供了强大的 Java 开发环境,而 PyCharm 则为 Python 开发提供了便捷的工具。根据具体的应用场景和需求,开发者可以选择合适的编程环境进行开发和应用。

4. 可视化工具

在大数据和数据分析领域,可视化工具扮演着至关重要的角色。它们不仅能帮助我们更直观地理解数据,还能揭示数据背后的规律和趋势。以下是几种流行的可视化工具介绍,包括 Tableau、Python 可视化库和 ECharts。

Tableau 是一款强大的数据可视化和商业智能软件,因其直观易用的拖放界面、快速的数据分析能力和丰富的可视化功能而广受赞誉。Tableau 可以连接到各种各样的数据源,包括关系数据库、大数据平台、云服务等,实现数据的快速整合和分析。在 Tableau 中,用户可以直接对数据进行即时探索和交互式分析,通过简单的拖拽操作即可迅速生成各种图表和仪表板。此外,Tableau 还提供了广泛的可视化类型选择,从基础的柱状图、折线图到复杂的地理地图、树状图、热力图等,都能轻松创建。其内置的地图服务可以自动生成地理编码位置数据,并提供全球地图支持。Tableau 的交互性和动态过滤功能允许用户通过筛选器、下拉菜单、滑块等多种方式与数据互动,深入挖掘数据背后的故事。对于企业而言,Tableau Server 和 Tableau Online 提供了安全的共享环境,支持团队成员在云端协作分析并发布成果。

Python 作为一种流行的编程语言,在数据可视化方面也有着丰富的选择。其中,Matplotlib 和 Seaborn 是两个最为常用的库。Matplotlib 作为 Python 中最早的可视化库之一,提供了对绘图的细粒度控制,使其成为一个功能丰富的包,具有各种图形类型和配置选项。然而,由于其配置较多,对于初学者来说可能有一定的学习成本。相比之下,Seaborn 则基于 Matplotlib 进行了封装,提供了更加直观的语法和开箱即用的特性。Seaborn 支持创建各种专业的统计图表,与 Pandas 数据接口适配良好,提供可视化的数据映射。此外,Seaborn 的默认主题遵循最佳的可视化实践,使得生成的图表更美观、更具可读性。

ECharts 是一款基于 JavaScript 的数据可视化图表库,提供了直观、生动、可交互、可个性化定制的数据可视化图表。ECharts 最初由百度团队开源,后捐赠给 Apache 基金会并成为 ASF 孵化级项目,现已成为 Apache 顶级项目。ECharts 支持多种类型的图表,包括折线图、柱状图、散点图、饼图等,并支持图与图之间的混搭。其高度交互性和丰富的配置项使得用户可以根据自己的需求定制出符合业务场景的图表。ECharts 可以流畅地运行在PC和移动设备上，兼容当前绝大部分浏览器。此外，ECharts还支持动态数据加载和刷新，使得图表能够实时反映数据的变化。

综上所述，Tableau、Python可视化库和ECharts都是功能强大的可视化工具，它们在数据分析和大数据领域发挥着重要作用。根据不同的应用场景和需求，用户可以选择合适的工具进行数据的可视化展示和分析。

5. Hadoop生态

Hadoop生态是一个庞大的生态系统，包含了多个用于处理和分析大数据的工具和框架。其中包括数据仓库系统(Hive)、分布式NoSQL数据库(HBase)、大数据分析平台(Pig)、数据迁移工具(Sqoop)等。这些工具和框架共同构成了一个完整的大数据处理和分析平台，可以满足各种大数据应用的需求。在后续的项目中，我们将进一步介绍Hadoop生态的详细内容和应用案例。

任务1.3 了解相关开发语言

在大数据技术日益发展的今天，开发语言的选择对于项目的成功至关重要。以下是对几种与大数据技术紧密相关的开发语言的介绍，这些语言在数据处理、分析和应用开发中扮演着核心角色。

1. Java

Java作为一种跨平台的编程语言，以其强大的面向对象的特性和丰富的库支持，在大数据领域占据了核心地位。Hadoop生态系统是Java的重要应用领域，Hadoop的分布式存储和计算平台主要基于Java。此外，Spark、Flink等大数据处理框架也选择Java作为主要的开发语言，进一步证明了Java在大数据领域的广泛应用和重要性，Java图标如图1-3所示。

图1-3 Java图标

Java的广泛应用不仅体现在大数据处理框架的开发上，还体现在大数据应用的开发过程中。Java的丰富生态系统和广泛的社区支持，使得开发者能够轻松地构建、部署和维护大数据应用。

2. Python

图1-4 Python图标

Python因其简洁易读、功能强大的优点，在大数据领域获得了广泛应用。它拥有大量的第三方库和工具，如Pandas、NumPy、Scikit-learn等，这些库提供了强大的数据处理、分析和可视化功能，使得数据分析师和数据科学家能够轻松地进行数据分析和机器学习等任务，Python图标如图1-4所示。

Python 在大数据领域的另一个重要应用是数据科学。Python 拥有强大的科学计算库和可视化工具，使得科学家能够利用 Python 进行复杂的科学计算和数据分析。同时，Python 的灵活性和易用性也使得它成为数据科学家和数据分析师的首选语言。

3. Scala

图 1-5　Scala 图标

Scala 作为一种融合了面向对象编程和函数式编程特性的编程语言，在大数据处理领域具有显著优势。作为 Spark 项目的默认开发语言，Scala 为开发者提供了简洁的语法和强大的类型系统，使得大数据处理任务更加高效和可靠，Scala 图标如图 1-5 所示。

由于 Scala 与 Java 的互操作性开发者可以充分利用 Hadoop 生态系统中的 Java 组件，并与 Scala 代码进行无缝集成。这种灵活性使得 Scala 成为大数据开发者的热门选择之一。

4. R

R 语言在统计分析和图形化表示方面表现出色，是数据科学领域的重要工具。它提供了丰富的统计模型和可视化方法，可以帮助科学家和分析师更好地理解数据。尽管 R 语言主要面向结构化数据存储和处理，但在大数据环境中，如 Hive 等系统也支持 R 语言的查询功能，使得数据分析师能够利用 R 语言进行大规模数据集的分析，R 图标如 1-6 所示。

图 1-6　R 图标

5. SQL

SQL 是关系数据库管理系统中的标准语言，用于管理和操作关系数据库中的数据。在大数据环境中，虽然传统的 SQL 数据库可能无法直接处理海量数据，但许多大数据处理系统（如 Hive）提供了 SQL 接口，使得用户可以使用熟悉的 SQL 语言进行数据查询和分析。

SQL 在大数据处理中的另一个重要应用是 ETL 过程。通过 SQL 查询，用户可以从数据源中提取数据，进行必要的转换和清洗，然后将数据加载到目标存储系统中。这使得 SQL 成为大数据处理中不可或缺的一部分。

总的来说，Java、Python、Scala、R 和 SQL 等开发语言在大数据技术中发挥着重要作用。它们各自具有独特的优势和应用场景，开发者可以根据项目的具体需求选择适合的语言。随着大数据技术的不断发展，这些开发语言也在不断更新和完善，为大数据应用提供了更多的可能性和选择。

(1) 请简述大数据的四个主要特征(也称为4V特性)。

(2) 为什么大数据在当今社会变得如此重要？请列举至少三个原因,并给出相应的实例或应用场景。

(3) 请简述Python在大数据处理和分析中的优势,并列举至少两个Python的常用库。

(4) 大数据技术的常用编程语言有哪些？它们各有什么特点？

(5) 使用你熟悉的一种大数据开发语言(如Python),编写一个简单的程序来读取一个CSV文件,计算某一列的平均值,并将结果输出到控制台。

(6) 讨论大数据开发语言的选择对于项目成功的影响。你认为在选择开发语言时应该考虑哪些因素？请给出你的观点和理由。

项目 2

虚拟化技术

项目概述

虚拟机环境的安装和配置是后续大数据应用开发的基础，本项目一共包含 4 个任务，读者通过本项目可以学会 VMware 软件以及远程连接工具 Xshell 的使用。

项目目标

- 深入探索虚拟化技术
- 安装和打开 VMware Workstation
- 在 VMware 上安装和使用 Linux 虚拟机
- 学会使用远程连接工具

任务 2.1　深入探索虚拟化技术

随着信息技术的飞速发展，企业对计算资源的需求不断增长，同时也面临着 IT 成本上升、管理复杂等挑战。虚拟化技术作为一种有效的解决方案，通过将物理资源抽象成逻辑资源，提高了资源的利用率和灵活性，降低了 IT 成本和管理难度。

1. 虚拟化技术概述

关于虚拟化技术的解释有很多种表述，如果引用 VMware 官网的一段说明，虚拟化技术指的是“创建软件或虚拟表示形式的应用、服务器、存储和网络，以减少 IT 开销，同时提高效率和敏捷性。”因此，虚拟化技术指的是将物理资源（如服务器、存储、网络等）抽象成逻辑资源，供用户或应用程序使用的一种技术。它打破了物理资源之间的限制，使得多个操作系统或应用程序可以在同一物理平台上独立运行，互不干扰。虚拟化技术可以极大地提高资源的利用率，降低 IT 成本，并且方便资源的管理和维护。我们常用的虚拟机也是“虚拟化”的一种。

虚拟化技术的核心原理是资源抽象和隔离。它通过将物理资源划分为多个虚拟资源，并在每个虚拟资源上运行独立的操作系统或应用程序，实现资源的共享和隔离。

虚拟化技术在分类时，可以按规模分类，也可以按类型分类，如图 2-1 所示。虚拟化技术按规模分类，可分为企业级虚拟化和单机（个人）虚拟化；按类型分类，可分为服务器虚拟化、存储虚拟化、网络虚拟化等。其中，服务器虚拟化是最常见和应用最广泛的一种虚拟化技术。

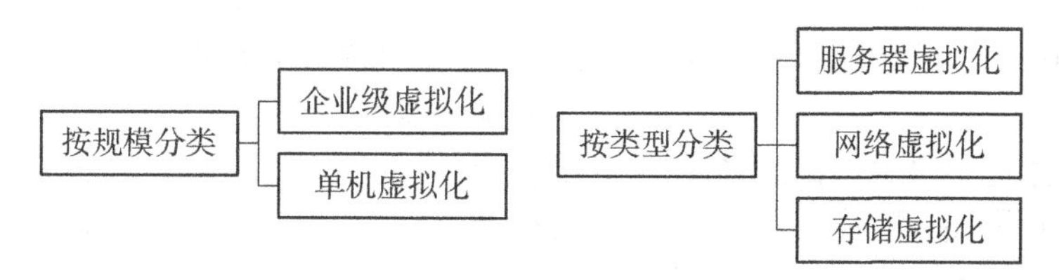

图 2-1 虚拟化技术的分类

服务器虚拟化技术能够通过区分资源的优先次序，并随时随地将服务器资源分配给最需要它们的工作负载来简化管理和提高效率。这种技术有助于减少为单个工作负载峰值而储备的资源，从而提高了资源的利用率。网络虚拟化技术整合后的设备组成了一个逻辑单元，在网络中表现为一个网元节点。它极大地简化了网络架构，使管理简单化、配置简单化，并支持跨设备链路聚合，同时进一步增强了冗余可靠性。存储虚拟化技术将物理存储资源抽象为逻辑存储资源，使得多个应用程序或服务可以共享同一个物理存储资源。它通常通过智能控制器，提供逻辑单元号（Logical Unit Number，LUN）访问控制、缓存和数据复制等管理功能。除此以外，虚拟化技术在按类型分类时，还包括应用虚拟化、操作系统虚拟化、硬件虚拟化等。

2. 服务器虚拟化

物理服务器是用于存储和处理数据的大型计算机系统，其体系结构如图 2-2 所示，其体系结构主要包括硬件构成和数据通信流程。

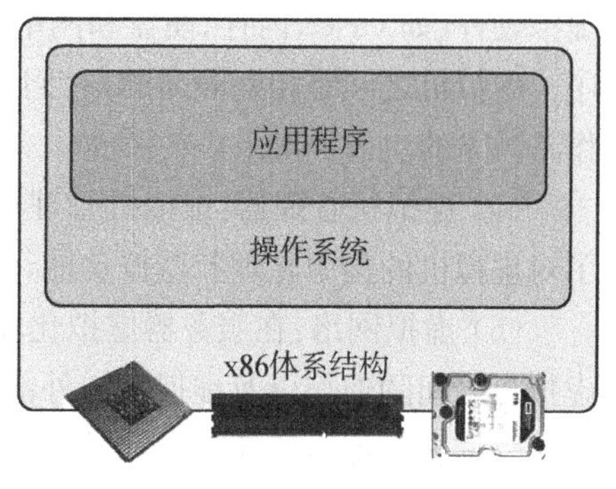

图 2-2 物理服务器体系结构

物理服务器主要由以下硬件构成。

（1）主板：作为物理服务器的核心部件，连接了中央处理器（Central Processing Unit，CPU）、内存（Random Access Memory，RAM）、硬盘等所有硬件。主板上有各种插槽、接口等，方便扩充硬件配置。

（2）CPU：负责处理数据和指令，是物理服务器的大脑。CPU 的速度和核心数是服务器性能的重要指标。

（3）RAM：用于存储当前运行的程序、数据和操作系统。内存的大小和频率对服务器的速度和容量有决定性影响。

（4）硬盘：物理服务器存储数据的主要设备，常见的硬盘有机械硬盘和固态硬盘两种，它们的读写速度和数据可靠性不同。

（5）电源：提供服务器的电能供应。

数据通信流程包括如下步骤。

（1）主板与外围设备之间的数据传输：外部设备（如鼠标、键盘、显示器等）与主板通过USB、HDMI等接口传输数据。

（2）主板内部各硬件之间的数据传输：例如数据从内存到CPU，从CPU到硬盘等。在这个过程中，数据的传输速度和通信效率对服务器性能有非常重要的影响。

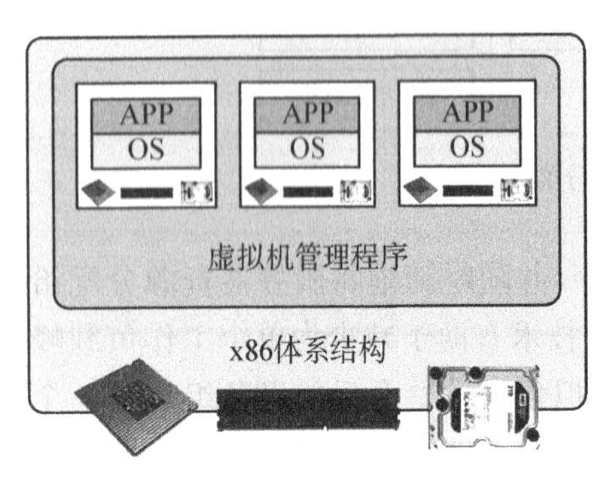

图2-3 服务器虚拟化体系结构

而服务器虚拟化是指将物理服务器划分为多个虚拟服务器，每个虚拟服务器都可以独立运行操作系统和应用程序，其体系结构如图2-3所示。服务器虚拟化技术通过将物理资源抽象成逻辑资源，实现了资源的共享和隔离，提高了资源的利用率和灵活性。同时，服务器虚拟化还可以实现快速部署和迁移，降低了IT成本和管理难度。

服务器虚拟化技术通过在一台物理服务器上创建多个虚拟机来模拟多个独立的物理服务器。其体系结构主要包括以下几个部分：虚拟化层（Hypervisor）、虚拟机（virtual machine，VM）、虚拟机管理器（virtual machine manager，VMM）、虚拟网络。

（3）虚拟化层：虚拟化层是物理服务器和虚拟机之间的一个软件层，负责将物理服务器的硬件资源抽象成多个虚拟资源，每个虚拟资源可以支持一个或多个虚拟机。Hypervisor直接运行在物理服务器上，负责管理虚拟机的创建、启动、停止和迁移等操作。

（4）虚拟机：虚拟机是运行在虚拟化层上的独立计算机实例，每个虚拟机都有自己的虚拟硬件（如CPU、内存、硬盘和网络接口等），并可以运行一个完整的操作系统和应用程序。虚拟机之间是相互隔离的，它们共享物理服务器的硬件资源，但彼此之间的数据和操作是独立的。

（5）虚拟机管理器：虚拟机管理器负责管理虚拟机的软件称为虚拟机管理器，它提供了对虚拟机的集中管理和监控功能，包括性能监控、安全配置、资源分配等。

（6）虚拟网络：在服务器虚拟化环境中，还需要建立虚拟网络来连接各个虚拟机，实现虚拟机之间的通信以及虚拟机与外部网络的连接。

物理服务器是实体硬件和软件的集合，而服务器虚拟化则是通过在物理服务器上引入虚拟化层来创建和管理多个虚拟机，从而实现资源的共享和隔离。这种体系结构提高了资源的利用率和灵活性，降低了IT成本和管理难度。

任务2.2 安装和打开VMware Workstation

VMware Workstation是一款常用的虚拟化软件，下面将具体介绍这款软件的功能特点，以及常见的使用技巧。

1. VMware Workstation 软件介绍

在当今日益复杂的IT环境中，虚拟化技术以其独特的优势成为企业和个人用户的重要工具。其中，VMware Workstation 作为一款领先的桌面虚拟化软件，以其卓越的性能、丰富的功能和易用性，赢得了广大用户的青睐。本节将对 VMware Workstation 进行全面而详细的介绍，以便读者能够深入了解其特点、功能和使用方法。

VMware Workstation，简称 VMware 或 VW，是由 VMware 公司推出的。它利用 Hypervisor 技术，使用户能够在单一的物理机器上同时运行多个虚拟操作系统。这些虚拟操作系统与真实系统相互隔离，互不影响，为用户提供了一个安全、高效、灵活的虚拟环境。VMware Workstation 是一个功能强大的“虚拟 PC”软件，它允许用户在同一台物理机器上同时运行多个虚拟化的操作系统，包括 Windows、DOS、Linux 等。与传统的“多启动”系统相比，VMware Workstation 提供了完全不同的用户体验。传统的多启动系统在不同的操作系统之间进行切换时通常需要重新启动机器，这既费时又可能导致数据丢失。然而，使用 VMware Workstation，用户可以轻松地在不同的虚拟机之间切换，而无须重新启动物理机器，从而大大提高了工作效率。

此外，VMware Workstation 还提供了许多高级功能，如虚拟磁盘分区、配置、快照管理、虚拟网络设置等。用户可以为每台虚拟机分配不同的磁盘空间，并根据需要进行分区和配置。这种虚拟化技术不仅不会影响真实硬盘的数据，而且还可以提供更高的灵活性和安全性。更重要的是，VMware Workstation 还支持虚拟网络功能，允许用户将多个虚拟机连接到一个虚拟局域网中。这使得用户可以在一个隔离的环境中测试网络应用程序，而无需担心对真实网络造成任何影响。VMware 具有如下特点。

(1) 支持多种操作系统：Vmware Workstation 支持包括 Windows、Linux、MacOS 等在内的多种操作系统。用户可以在同一台物理机器上同时运行多个不同版本的操作系统，以满足不同的开发、测试和应用需求。

(2) 高性能与稳定性：Vmware Workstation 采用了先进的虚拟化技术，能够充分利用物理硬件资源，提供高性能的虚拟环境。同时，其稳定的运行机制和完善的错误处理机制，确保了虚拟机的稳定运行。

(3) 丰富的功能：Vmware Workstation 提供了丰富的功能，包括虚拟机快照、虚拟机克隆、虚拟机迁移、虚拟机网络配置等。这些功能使得用户能够轻松管理虚拟机，提高工作效率。

(4) 易用性：Vmware Workstation 拥有简洁明了的用户界面和操作流程，用户能够轻松上手。同时，它还提供了丰富的在线文档和视频教程，帮助用户快速掌握使用方法。

Vmware Workstation 的功能包括虚拟机创建与管理、虚拟机快照、虚拟机克隆、虚拟机迁移、虚拟机网络配置等，为开发、测试、演示和部署提供了极大的便利，其具体功能如下。

(1) 虚拟机创建与管理:用户可以通过 Vmware Workstation 轻松创建和管理虚拟机。在创建虚拟机时,用户可以选择操作系统类型、配置虚拟机资源(如 CPU、内存、硬盘等)、设置网络连接等。在管理虚拟机时,用户可以启动、暂停、恢复、关闭虚拟机,进行虚拟机快照、克隆等操作。

(2) 虚拟机快照:Vmware Workstation 支持虚拟机快照功能。用户可以在虚拟机运行过程中的任何时间点创建一个快照,保存虚拟机的当前状态。当虚拟机出现问题或需要恢复到某个特定状态时,用户可以通过快照快速还原虚拟机。

(3) 虚拟机克隆:Vmware Workstation 支持虚拟机克隆功能。用户可以将一个虚拟机克隆为多个相同的虚拟机,以满足批量部署或测试的需求。克隆后的虚拟机与原始虚拟机在硬件和软件配置上完全相同,但具有独立的运行状态和数据存储。

(4) 虚拟机迁移:Vmware Workstation 支持虚拟机迁移功能。用户可以将一个虚拟机从一台物理机器迁移到另一台物理机器,无须重新配置和安装,具有极大的灵活性和便捷性。

(5) 虚拟机网络配置:Vmware Workstation 提供了灵活的网络配置选项,支持桥接网络、NAT 网络和主机模式等多种网络模式。用户可以根据实际需求选择合适的网络模式,为虚拟机提供稳定的网络连接。

Vmware Workstation 的使用场景主要包含三类:开发测试、教育培训以及企业应用。开发人员可以在 Vmware Workstation 中创建多台虚拟机,分别安装不同的操作系统和应用程序,以进行跨平台开发和测试。这有助于开发人员快速定位和解决兼容性问题,提高开发效率。教育机构可以利用 Vmware Workstation 为学生提供一个安全、隔离的虚拟环境,用于学习操作系统、网络配置、安全攻防等内容。这有助于降低教学成本,提高教学效果。企业可以利用 Vmware Workstation 进行新应用程序的开发、测试和部署。通过虚拟机隔离技术,企业可以确保新应用程序不会对现有系统造成干扰或破坏。同时,虚拟机快照和克隆功能也使得应用程序的部署和维护变得更加简单和高效。

2. VMware Workstation 软件的安装和打开

VMware Workstation 是一个功能强大、易于使用的虚拟化软件,它使得在同一台物理机器上同时运行多个操作系统变得轻而易举。VMware Workstation 软件具有多种版本,下面以 Windows 为例,对其安装过程进行说明。

1) 下载 VMware Workstation

访问 VMware 官方网站(https://www. vmware. com/content/vmware/vmware-published-sites/us/products/desktop-hypervisor. html. html. html)或在可靠的软件下载平台搜索“VMware Workstation”,选择与 Windows 系统版本相匹配的 VMware Workstation 版本进行下载,如图 2-4 所示,确保下载的文件为官方或可信来源的安装包。

图 2-4 VMware 软件官网下载入口

2) 开始安装

双击下载的安装包，开始安装过程，安装程序将自动解压文件并启动安装向导，单击"下一步"继续安装过程，如图 2-5 所示。

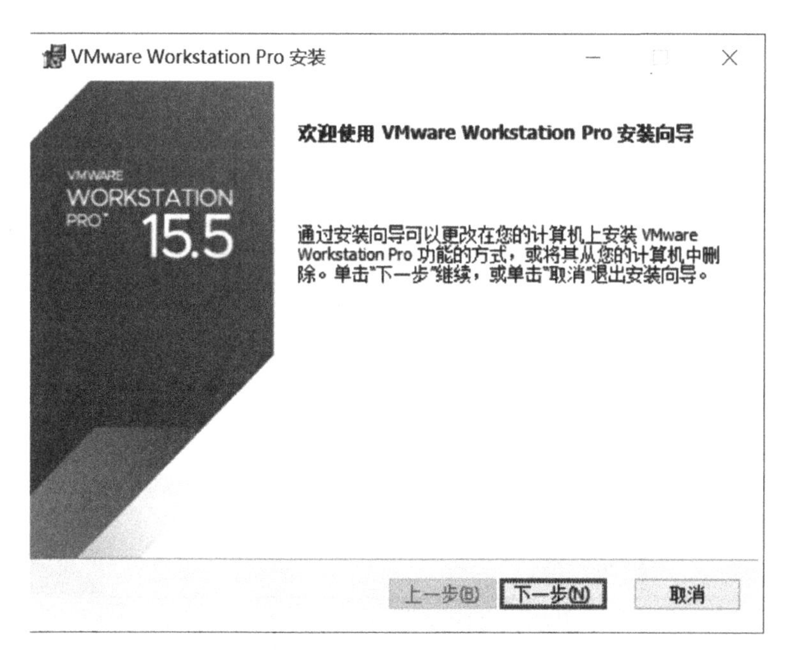

图 2-5 VMware 安装程序

3) 选择安装类型

在安装类型选择页面，通常有两个选项："典型"和"自定义"。"典型"安装会按照默认设置进行安装，适合大多数用户。"自定义"安装允许根据需求选择和设置要安装的组件。如果选择"自定义"安装，可以取消勾选不需要的组件。

4) 选择安装位置

安装程序会默认选择一个安装位置，但可以单击"更改"，选择其他位置。注意选择一个具有足够磁盘空间的位置，并确保该位置可访问且安全。

5）执行安装

单击“安装”，即可开始安装过程。在安装过程中，安装程序将复制文件、创建必要的文件和文件夹，并可能安装必要的驱动程序。等待安装完成期间，请不要关闭安装程序或计算机。

6）完成安装

安装完成后，单击“完成”退出安装向导。此时，Windows 系统上将成功安装 VMware Workstation。

7）启动 VMware Workstation

在 Windows 的“开始”菜单或桌面上找到 VMware Workstation 的图标。双击图标即可启动 VMware Workstation，成功打开的界面如图 2－6 所示。注意，首次启动 VMware Workstation 时，可能需要接受用户协议、输入许可证密钥（如果你购买了商业版）或进行其他初始设置。接下来，可以使用 VMware Workstation 创建和管理虚拟机，进行各种虚拟化操作。由于 VMware Workstation 的版本不断更新，具体的安装步骤和界面可能会有所变化。因此，在安装过程中，可以参考官方文档或安装向导。

图 2－6　VMware Workstation 软件界面

任务 2.3　在 VMware 上安装和使用 Linux 虚拟机

本任务将介绍如何自行搭建一个可用于大数据学习和训练的 Linux 环境。下面将依次介绍虚拟机的安装方法、VMware 软件的常用功能以及虚拟机的使用和配置。

1. 在 VMware 上安装 Linux 虚拟机

下面说明如何在 VMware 软件中安装 Linux 虚拟机(以 CentOS 7 为例)。提前准备好 ISO 文件,ISO 文件常用于安装操作系统,用户可以将操作系统的 ISO 文件复制到光盘或 USB 驱动器中,以便在计算机上启动。ISO 文件也可以用于制作虚拟光盘,还可以备份光盘,以便在需要时随时复制光盘,而不必担心光盘损坏或丢失。

(1) 打开 VMware 软件,在主页单击“创建新的虚拟机”,或者单击“文件”“新建虚拟机”,如图 2-7 所示,即可进入安装向导。

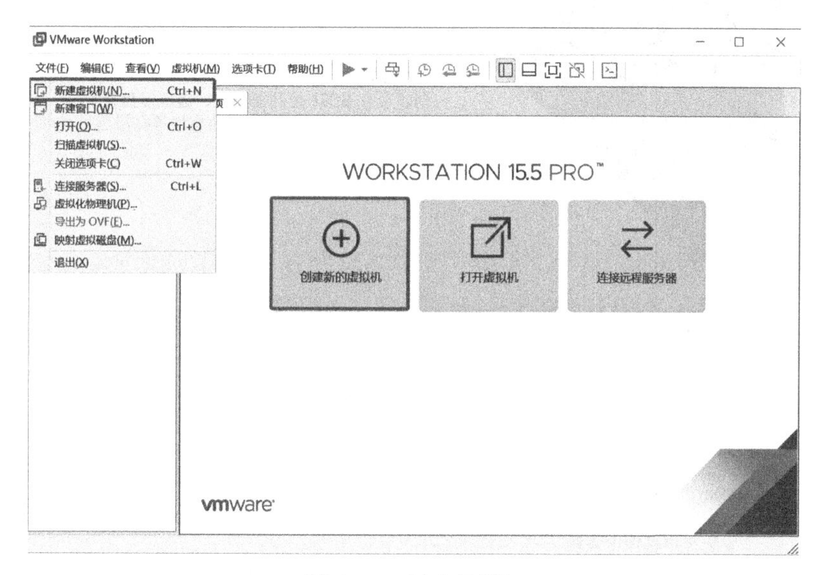

图 2-7 新建虚拟机

(2) 一般情况下,在“新建虚拟机向导”界面只需选择默认的“典型(推荐)”安装即可,如图 2-8 所示。如有更多定制需求,则可以选择“自定义(高级)”,然后单击“下一步”。

(3) 下面安装客户机操作系统。选择“安装程序光盘映像文件(iso)”,如图 2-9 所示,单击“浏览”找到并选中提前准备好的 ISO 文件,单击“下一步”。当然,也可以选择稍后安装操作系统,但是同样需要在后续步骤中补充设定 ISO 文件的位置,否则客户机将缺失操作系统。

(4) 接下来,设定虚拟机名称和位置,如图 2-10 所示,然后单击“下一步”。这里的位置指的是虚拟机相关文件的保存地址,请确保该位置所在磁盘已经预留足够的存储空间,否则将影响虚拟机的正常运行。

(5) 进入“指定磁盘容量”界面,可以设置磁盘容量等参数,如无特殊需求,保持默认即可,然后单击“下一步”。

(6) 最终确认预设的虚拟机配置参数,单击“完成”。系统将自动开机,然后需要将鼠标移入系统界面,单击其中任意位置以确保选中操作区域。再单击回车即可开始安装 CentOS Linux 7,如图 2-11 所示。

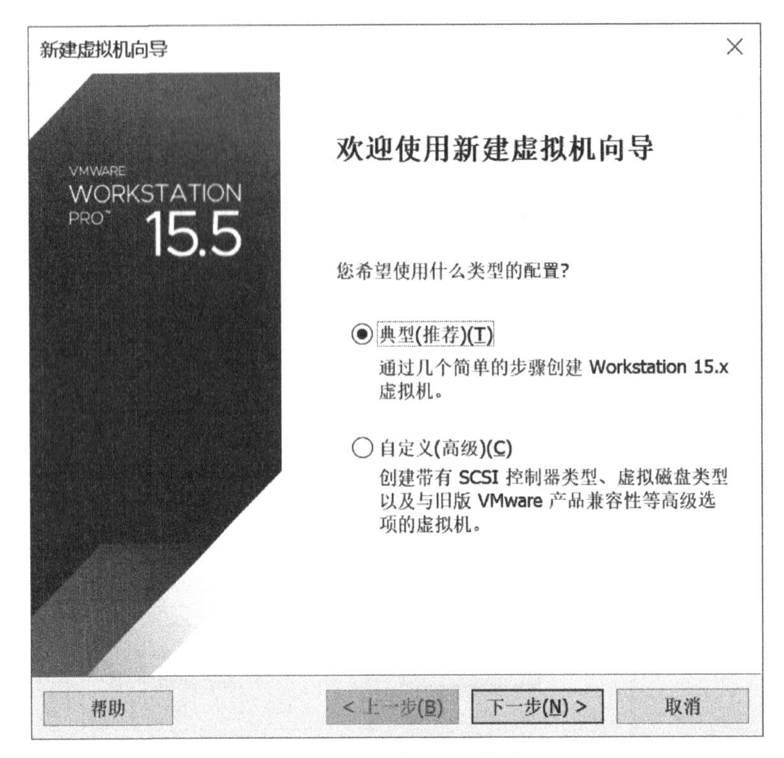

图 2-8　新建虚拟机向导

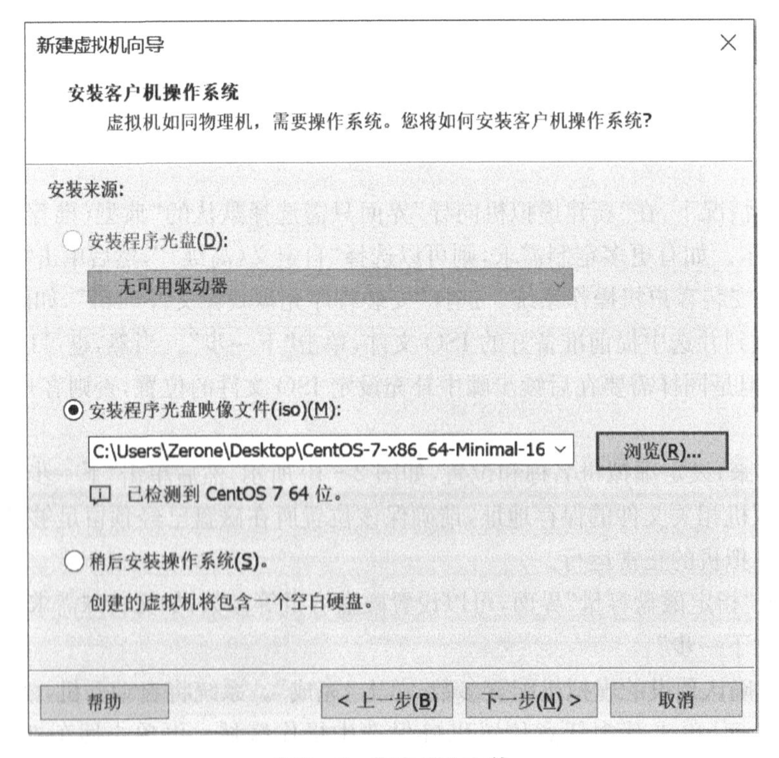

图 2-9　指定 ISO 文件

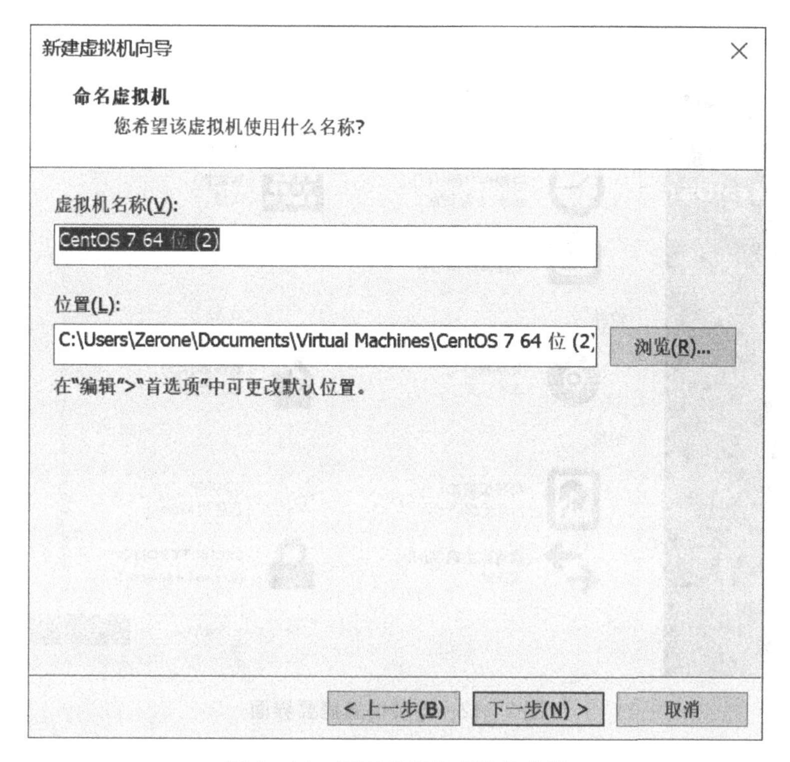

图 2-10　设定虚拟机名称和位置

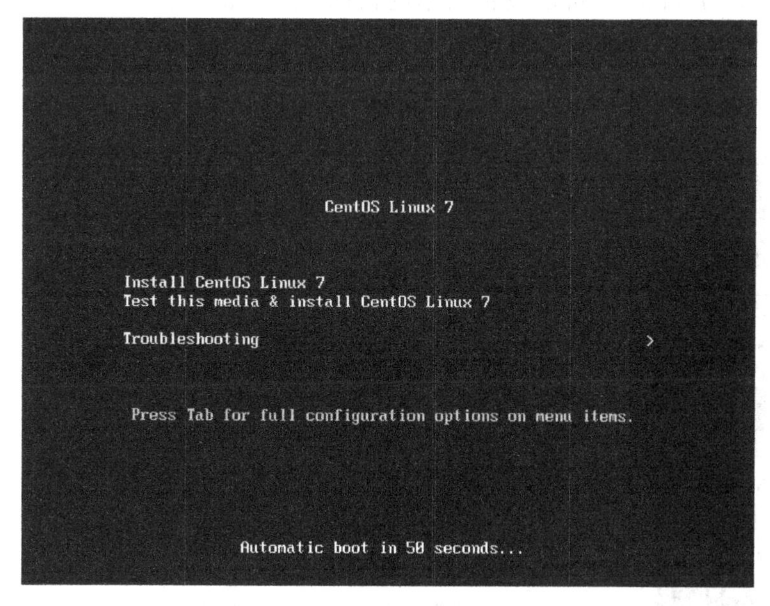

图 2-11　系统装机前的初始界面

(7) 选择语言,找到"中文",单击确认后进入"安装信息摘要"界面,有感叹号标记的部分(如"安装位置")需要单击进入,手动确认。确认完成后,即可单击"开始安装"按钮,如

图 2-12 所示。

图 2-12　安装信息摘要界面

（8）进入“配置”界面，下方会显示正在安装的字样，并出现进度条。与此同时，可以设置“ROOT 密码”，初学者可以设置简单的密码，本书统一将“123456”作为虚拟机密码。设置完成后，如下方进度条提示安装尚未完成（安装可能需要较长时间），耐心等待即可，如图 2-13 所示。

图 2-13　配置 ROOT 密码并耐心等待安装完成

(9) 安装完成后，右下角会提示安装已成功，单击右下角“重启”按钮，即可进入系统界面，如图 2-14 所示。

配置
CENTOS LINUX 7 安装
cn
帮助！
CentOS
用户设置
ROOT 密码
已经设置 root 密码
创建用户(U)
不会创建任何用户
完成！
CentOS Linux 已成功安装并可以使用！
重启然后使用吧！
重启(R)
使用本产品即表示遵守此许可协议 /usr/share/centos-release/EULA

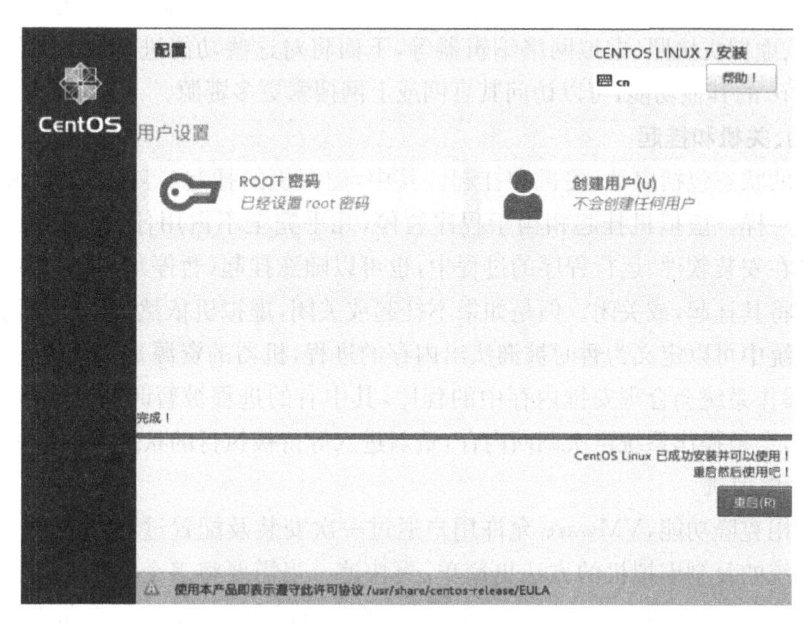

图 2-14 安装配置完成

(10) 最后，使用账号和密码登录系统。输入账号“root”，单击回车，然后输入密码“123456”，单击回车，如图 2-15 所示。注意，在输入密码时，用户无法看到自己输入的内容，这是正常情况。因为显示密码可能导致密码泄露，造成安全风险。如果密码输入错误，会提示密码错误，重新输入账号和密码即可。登录成功的界面如图 2-16 所示。

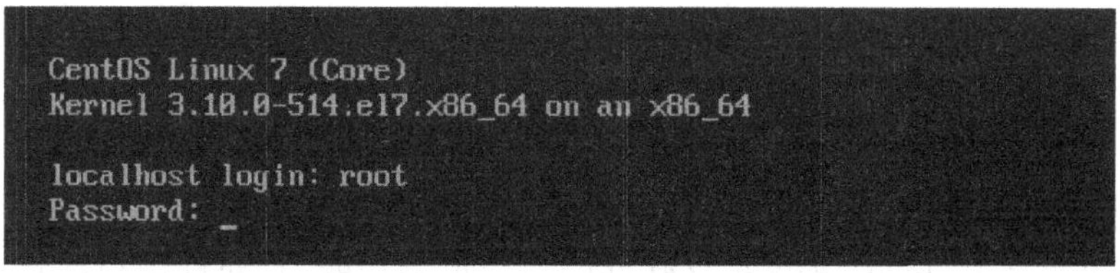

CentOS Linux 7 (Core)
Kernel 3.10.0-514.el7.x86_64 on an x86_64
localhost login: root
Password: _

图 2-15 输入登录账号和密码

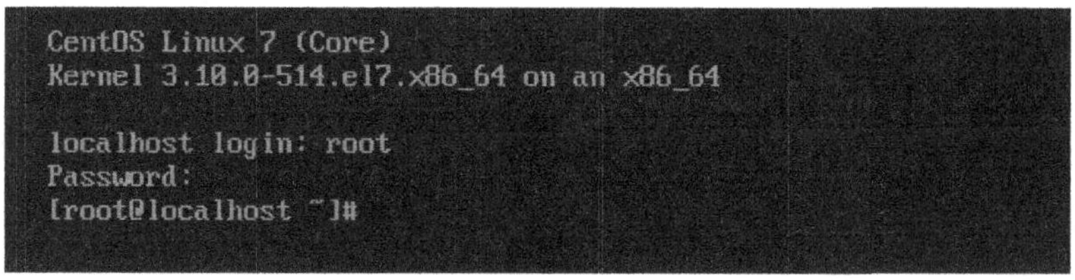

CentOS Linux 7 (Core)
Kernel 3.10.0-514.el7.x86_64 on an x86_64
localhost login: root
Password:
[root@localhost ~]#

图 2-16 成功登录 Linux 系统

2. VMware的功能

VMware还为用户提供了更多强大的功能，常用的功能包括启动/关闭/挂起虚拟机、克隆虚拟机、虚拟机快照、虚拟网络编辑器等，下面将对这些功能进行简要介绍。如果想了解VMware的其他功能，可以访问其官网或上网搜索更多资源。

1）启动、关机和挂起

虚拟机的状态包括启动、关机和挂起。其中，虚拟机的挂起（等待、阻塞）和一般计算机的睡眠不一样。虚拟机挂起相当于程序暂停，几乎完全不占用任何资源，且唤醒速度快。即使是在安装软件、运行程序的过程中，也可以随意挂起（暂停）。在不用虚拟机的时候可以选择将其挂起，或关闭。但是如果不挂起或关闭，虚拟机依然会占用资源。挂起进程在操作系统中可以定义为暂时被淘汰出内存的进程，机器的资源是有限的，在资源不足的情况下，操作系统会合理安排内存中的程序，其中有的进程被暂时调离出内存，当条件允许的时候，会被操作系统再次调回内存，重新进入等待被执行的状态即就绪状态。

2）克隆虚拟机

通过使用克隆功能，VMware允许用户通过一次安装及配置过程制作多个虚拟机副本。这比传统的复制虚拟机的方法更简单、更快速。当需要将多个相同的虚拟机部署到一个组时，克隆功能非常有用。例如，MIS部门可以为每个员工克隆一个带有预配置办公应用程序套件的虚拟机。克隆操作完成后，克隆会成为单独的虚拟机。对克隆机所做的更改不会影响父虚拟机（即原始虚拟机），对父虚拟机的更改也不会出现在克隆机中。

选中一个已存在的虚拟机，右键选择“管理”“克隆”，即可进入克隆向导，根据提示完成克隆。克隆虚拟机的方法包括完整克隆和链接克隆。完整克隆会创建原始虚拟机当前状态的完整副本，此副本虚拟机完全独立，但需要较多的存储空间。链接克隆是对原始虚拟机的引用，所需的存储空间较少，但是，必须能够访问原始虚拟机才能运行。

注意，由于克隆后的虚拟机与克隆源共享相同的网络配置，如果没有及时修改网络配置，可能会导致冲突。因此，在克隆虚拟机后，应立即修改IP地址和主机名，确保每台虚拟机都有独一无二的标识。

3）快照

虚拟机快照是VMware等虚拟化软件的一项重要功能，它允许用户在特定时间点捕获和保存虚拟机的完整状态和数据。虚拟机快照可保存虚拟机在某一特定时刻的完整状态，包括虚拟机的电源状态（如开机、关机、挂起等）、磁盘、内存、网络配置以及其他设备状态。

虚拟机快照采用的是“写时复制（Copy On Write）”的技术。当执行快照时，虚拟磁盘的当前状态会被保留，同时一个增量磁盘或子磁盘会被创建来记录后续对虚拟磁盘的更改。这种方式可以节省存储空间，因为只有实际被更改的数据才会被写入新的增量磁盘。

通过快照，用户可以轻松地管理和恢复虚拟机的数据。快照包含组成虚拟机的所有文件，如磁盘、内存和其他设备。存储设备支持的文件，包括.vmdk、.delta、.vmdk、

.vmsd和.vmsn等格式的文件。

4）虚拟网络编辑器

VMware的虚拟网络编辑器是一个功能强大的工具，其允许用户配置虚拟机的网络适配器模式（如桥接、NAT、Host-Only等），也允许用户设置虚拟网络适配器的参数（如MAC地址、速度、连接状态等）。用户还可以进行IP地址分配与子网设置，并且完成端口映射。

虚拟机的网络适配器模式包括桥接模式、仅主机模式和转换模式三种类型，分别对应网卡VMnet0、VMnet1和VMnet8（见表2-1）。三种模式的区别如下所述：

表2-1 网络模式类型

网络模式	虚拟网卡名	网络属性
桥接	VMnet0	物理网卡
仅主机	VMnet1	虚拟网卡
网络地址转换	VMnet8	虚拟网卡

（1）桥接（Bridge）模式：物理网卡名为VMnet0（可以在打开虚拟机软件后，cmd输入ipconfig命令查询）。在此模式下，虚拟机就像是独立的主机，和真实的物理主机的地位一样，可以通过虚拟机所在的物理主机访问外网，外网中的其他主机也可以访问此虚拟机。虚拟机与外网主机通讯需要满足以下条件：①虚拟机所创建保存的物理主机与其他主机在同一局域网下；②为虚拟机设置一个与物理主机的网卡在同一网段的IP；③虚拟机与物理主机设置为桥接模式。

（2）仅主机（Host-Only）模式：虚拟网卡名为VMnet1。仅主机模式表示的是物理主机与物理主机之间用同一局域网连接，虚拟机采用的则是虚拟网络连接，它与物理网络是隔开的，所以在此模式下虚拟机与别的物理主机无法实现通信。一般在安装VM之后，软件会自动添加VMnet1和VMnet8两块虚拟网卡。也就是说，仅主机模式下，只能实现虚拟机和物理主机之间的通讯。

（3）网络地址转换模式（Network Address Translation，NAT）：虚拟网卡名为VMnet8。这是一个独立的网络。此模式下物理主机就像是一台支持NAT功能的代理服务器，虚拟机就像是NAT的客户端。虚拟机可以使用物理主机的IP地址访问互联网，但由于NAT技术的特点，外部网络中的主机无法主动与NAT模式下的虚拟机进行通讯。也就是说，只能由虚拟机与外部网络的计算机进行单向通信。物理主机与NAT模式下的虚拟机是可以互通的，前提是虚拟机的IP与VMnet8的网卡IP在同一网段内。此模式的结构图与仅主机模式的结构图一样。主机与NAT模式下的虚拟机是可以互通的，前提是虚拟机的IP与VMnet8的网卡IP在同一网段内。

虚拟网络编辑器的窗口界面如图2-17所示，用户可以在其中选择三种模式进行配置。

图 2-17 虚拟网络编辑器界面

在后续的项目中，为了搭建大数据集群，本书会对虚拟网络编辑器的设置进行统一要求，以确保集群各个节点的网络功能正常。

3. 在 VMware 上使用和配置已存在的虚拟机

为了进行技术学习和搭建集群，有时需要克隆出更多的虚拟机，本书一共用到 5 台虚拟机，包括 test、master、slave1、slave2、slave3。其中，test 节点可用于 Linux 系统操作命令的学习和训练，其他节点用于搭建和运行大数据集群。

但是，创建完成的虚拟机默认为动态 IP 地址，若后续重启系统后 IP 地址便有可能发生变化，非常不利于实际开发，且其中 4 台虚拟机是通过克隆创建的，导致两台虚拟机的主机名与第一台创建的虚拟机一致，容易出现混淆，同一主机名会指向不同的 IP 地址。因此可以通过虚拟机网卡配置文件，自行配置网络。配置约定如表 2-2 所示。

表 2-2 虚拟机网卡配置文件配置参数

服务器名	IP 地址	主机名	子网掩码	网关	DNS1
test	192.168.121.131	test	255.255.255.0	192.168.121.2	192.168.121.2
master	192.168.121.132	master	255.255.255.0	192.168.121.2	192.168.121.2
slave1	192.168.121.133	slave1	255.255.255.0	192.168.121.2	192.168.121.2
slave2	192.168.121.134	slave2	255.255.255.0	192.168.121.2	192.168.121.2
slave3	192.168.121.135	slave3	255.255.255.0	192.168.121.2	192.168.121.2

配置方法：

（1）更改虚拟网络配置。具体步骤为：单击"编辑""虚拟网络编辑器""更改设置"，选中 VMnet8，将子网 IP 设置为 192.168.121.0，子网掩码设置为 255.255.255.0。

（2）更改各个虚拟机的网络配置。下面以 test 客户机为例，针对 test 主机，执行如下命令：

```
vi /etc/sysconfig/network-scripts/ifcfg-ens33
```

注意在命令模式下，"：q"表示退出，"：wq"表示保存并退出，若末尾加感叹号则表示强制退出。

然后进行修改：①将参数 BOOTPROTO 的值由 dhcp（动态路由协议）改为 static（静态路由协议）。②手动添加以下参数：

```
IPADDR=192.168.121.131
NETMASK=255.255.255.0
GATEWAY=192.168.121.2
DNS1=192.168.121.2
```

（3）对 master、slave1、slave2、slave3 进行同样的设置，注意参数 IPADDR 的值按表 2-2 设置。

（4）修改各虚拟机网卡配置文件中的通用唯一识别码（universally unique identifier，UUID），UUID 本来是一样的。UUID 的作用是使分布式系统中的所有元素都有唯一的标识码，因为后面几台虚拟机是通过克隆虚拟机的方式创建的，这会导致所有虚拟机的 UUID 都一样，所以在克隆创建的虚拟机中需要重新生成 UUID，以替换网卡配置文件中默认的 UUID。

```
sed -i '/UUID=/c\UUID="`uuidgen`"' /etc/sysconfig/network-scripts/ifcfg-ens33
```

在上述命令中，通过执行 sed 命令，用 uuidgen 工具生成的新 UUID 值替换网卡配置文件中默认 UUID 的值。执行完上述命令，可以再次执行编辑网卡配置文件命令，验证 UUID 是否修改成功。注意上述命令中单引号和反引号的区别。

（5）重启网卡（service network restart）或重启虚拟机（reboot）。

（6）验证。使用 ip addr 命令验证网卡配置是否生效，测试网络是否正常。

如果有已经配置好的集群文件，可将集群文件解压至自定义位置，然后单击 VMware 主页的"打开虚拟机"（或者单击"文件""打开"），浏览找到虚拟机文件".vmx"并打开。

任务 2.4　学会使用远程连接工具

在数字化时代，远程连接已成为提升工作效率、打破地域限制的重要手段。为了更高效地管理服务器，进行远程技术支持，或是与团队成员进行无缝沟通，掌握一种或多种远程连接工具的使用技巧变得尤为重要。本任务将以 XSehll 为例，引导读者深入了解并学会使用远程连接工具。

1. 远程连接工具概述

远程连接工具是一类用于远程管理和访问服务器的软件。在大数据开发中，这类工具允许用户从本地计算机通过网络连接到远程 Linux 服务器，从而进行文件传输、命令执行、系统管理等多种操作。它们在网络运维、云计算、服务器管理等领域发挥着重要作用。

常见的远程连接工具包括 Xshell、SecureCRT、WinSCP、PuTTY、MobaXterm 等。不同的远程连接工具，其产品特点和适用的应用场景各有不同。远程连接工具通常具有以下特点。

(1) 跨平台性：支持多种操作系统，如 Windows、Mac OS、Linux 等。

(2) 安全性：采用加密技术(如 SSH、SSL/TLS)，保障了数据传输的安全性，防止信息泄露。

(3) 便捷性：提供直观易用的界面和丰富的功能选项，降低了用户的学习成本和使用难度。

2. 远程连接工具的使用

Xshell 是一款功能强大、安全稳定、便捷易用的 Linux 远程连接工具，适用于各种网络运维和服务器管理场景。该工具支持远程连接、文件传输、命令执行、会话管理等功能，采用远程登录安全连接协议(Secure Shell, SSH)协议进行数据传输，保证了数据的安全性和完整性。同时，它还支持多种加密算法和密钥认证方式，进一步增强了连接的安全性。

本节将主要介绍 Xshell 的功能特点，其软件界面如图 2-18 所示。其默认打开的会话窗口中，会显示历史连接，以便用户快速访问。当然，首次打开时，该界面是空白的。

打开软件后，用户可以新建会话，填写好连接名称和主机 IP，如图 2-19 所示。请确保待连接的虚拟机已经处于正常开机状态，且网络配置正确。这里我们以 master 节点为例，演示 Xshell 的连接，因此需要把连接名设为 master，主机名填入 192.168.121.132(因为在之前的任务中，我们对节点 IP 进行了约定，并完成了对虚拟机网卡文件的配置)。

设置完成后单击“连接”，如果通信正常，会弹出 SSH 安全警告，接受并保存即可。接着，在 SSH 用户名对话框中输入用户名(root)并单击“确定”，再在 SSH 用户身份验证对话框中输入密码(根据之前的设置，密码为 123456)并单击“确定”。成功连接后进入终端命令界面，如图 2-20 所示。Xshell 和服务器完成连接后，即可使用 Linux 命令，进行一系列的操作来管理和使用 Linux 服务器。

XShell 还拥有很多的高级功能，并可自定义快捷键设置，用户可以根据个人开发习惯，进行个性化配置。更多有关 XShell 软件的功能介绍，可以前往 XShell 官网查阅。

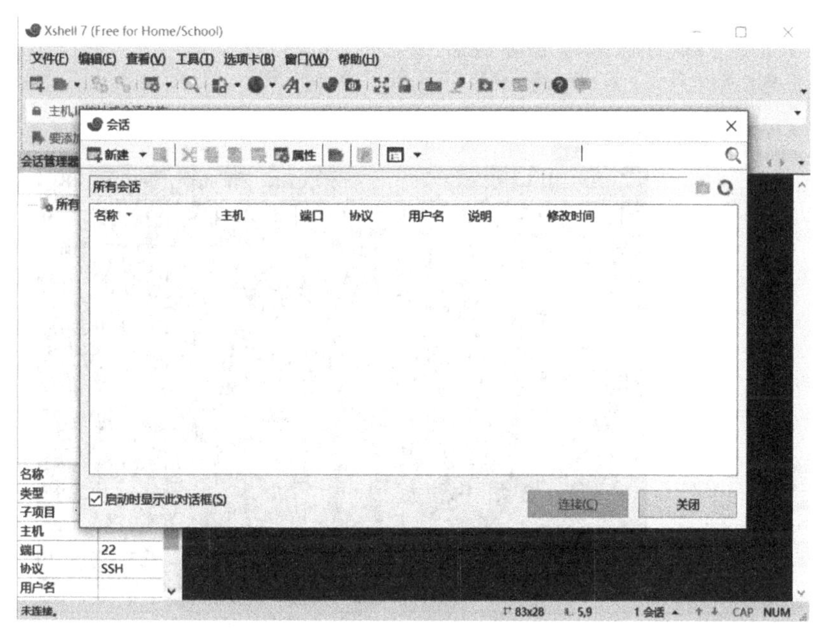

图 2-18　Xshell 软件界面

图 2-19　设置新建会话的连接属性

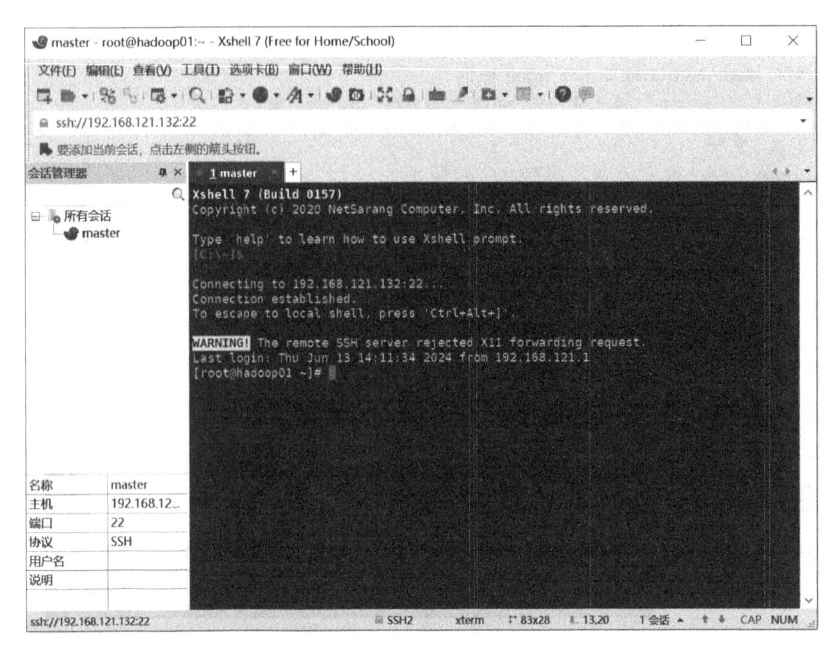

图 2-20　连接成功界面

练习题

（1）虚拟化技术有哪些分类？它们各有什么功能？

（2）虚拟化技术就是虚拟机吗？如果不是，请说明它们的区别。

（3）请简述服务器虚拟化的体系结构，说明其内部的工作原理。

（4）请完成 VMware 软件的安装，并在该软件上新建一台 Linux 虚拟机，开机验证系统安装是否成功。

（5）请基于上一题所新建的虚拟机，再克隆一台独立的虚拟机。

（6）成功创建或打开本项目中提到的 5 个虚拟机，完成虚拟网络编辑器的配置，并使用远程连接工具成功连接到这 5 个节点。

（7）给 test、master、slave1、slave2、slave3 这五个节点的初始状态拍摄快照，然后进行快照恢复。

项目3

Linux 操作系统应用

项目概述

本项目共涉及 2 个任务。通过丰富的实例，为读者展示 Linux 系统的文件系统结构，以及常用的 Linux 命令，为熟练运用大数据环境打下基础。

项目目标

- 掌握 Linux 系统的基础命令
- 掌握 Linux 的进阶命令

任务 3.1　掌握 Linux 系统的基础命令

作为一款自由和开放源码的类 UNIX 操作系统，Linux 的独特之处在于多用户、多任务的设计，以及对多线程和多 CPU 的强大支持。随着互联网技术的飞速发展，对服务器速度和安全性的需求日益增加，Linux 系统凭借其出色的性能稳定性、高效的防火墙组件和简捷的配置过程，逐渐赢得了众多组织、企业和软件爱好者的青睐，成为服务器领域的首选操作系统。

Linux 作为一种自由和开放源码的操作系统，存在着丰富多样的版本选择，但它们的共同之处在于都采用了 Linux 内核这一核心组件。这使得 Linux 具有广泛的适用性和高度的可定制性，能够灵活安装在各种计算机硬件设备中，包括但不限于手机、平板计算机、路由器和台式计算机等。无论是个人用户还是大型企业，都可以根据自己的需求选择适合的 Linux 版本和配置，以满足各种应用场景的需求。

1. Linux 操作系统与大数据技术

Linux 操作系统与大数据技术的关系非常紧密，Linux 因其开源、稳定、高度定制及强大的网络功能，成为大数据技术的核心基石之一。掌握 Linux 系统命令不仅对于系统管理员至关重要，对于大数据工程师和数据科学家而言，也是不可或缺的基本技能。本任务将带领大家深入了解 Linux 系统命令在大数据技术中的应用。

Linux 是一种自由和开放源码的类 Unix 操作系统，其内核由林纳斯·托瓦兹(Linus Towalds)于 1991 年首次发布。Linux 系统以其高度的可定制性、稳定性和安全性，在全球范围内得到广泛应用。在大数据领域，Linux 系统作为底层操作平台，为大数据的处理、存储和分析提供了强大的支持。

大数据是指无法在合理时间内用常规软件工具进行捕捉、管理和处理的庞大、复杂数据的集合。大数据技术包括数据的收集、存储、处理、分析和可视化等多个方面。在大数据环境中，Linux 系统通过其强大的文件系统、进程管理和网络功能，为大数据的处理和分析提供了坚实的基础。

Linux 系统命令在大数据中的应用场景非常广泛。从数据的采集、传输到存储、处理，再到分析和可视化，都离不开 Linux 系统命令的支持。例如，使用 wget 或 curl 命令可以从互联网上下载数据；使用 tar 或 zip 命令可以对数据进行压缩和解压；使用 awk、sed 和 grep 等文本处理命令可以对数据进行预处理和清洗；使用 find、cp、mv 和 rm 等文件操作命令可以管理数据文件和目录。常用的 Linux 系统命令如下。

1）文件操作命令

(1) ls：列出目录内容，通过不同的选项可以显示详细信息。

(2) cd：切换当前工作目录。

(3) pwd：显示当前工作目录的路径。

(4) touch：创建空文件或更新文件时间戳。

(5) cp、mv、rm：分别用于复制、移动和删除文件或目录。

2）文本处理命令

(1) cat：查看文件内容，可以与其他命令结合使用，进行管道操作。

(2) more 和 less：分页查看文件内容，方便浏览大文件。

(3) grep：在文件中搜索指定模式的文本，并输出匹配的行。

(4) awk、sed：强大的文本处理工具，可以进行复杂的文本分析和转换。

3）系统监控命令

(1) top、htop：实时显示系统中各个进程的资源占用情况。

(2) free、vmstat：查看系统的内存使用情况。

(3) df、du：查看磁盘空间的使用情况。

(4) ping、traceroute：用于测试网络连接和诊断网络故障。

4）其他常用命令

(1) man、help：查看命令的手册页和帮助信息。

(2) tar、zip、unzip：用于文件的打包和压缩。

(3) ssh、scp：用于远程登录和文件传输。

(4) cron、at：用于定时执行任务。

假设我们有一批大数据文件需要进行管理和分析，下面我们将通过 1 个示例来演示如何使用 Linux 系统命令来完成特定任务。

(1) 使用 wget 命令从指定的 URL 下载大数据文件到本地目录，这里我们仅提供了一个示例网站——http://example. com/bigdatafile. tar. gz,实际使用时可替换为真实的数据集下载链接。

```
wget http://example.com/bigdatafile.tar.gz
```

(2) 解压大数据文件。使用 tar 命令可以解压下载的 tar. gz 文件。

```
tar -zxvf bigdatafile.tar.gz
```

(3) 查看大数据文件内容。使用 cat 命令结合 grep 命令查看大数据文件中的指定内容,这里指定的搜索内容为“pattern_to_search”。

```
cat bigdatafile.txt|grep 'pattern_to_search'
```

(4) 将大数据文件移动到指定目录。使用 mv 命令将大数据文件移动到指定的目录。

```
mv bigdatafile.txt /path/to/destination/
```

2. Linux 文件与目录管理

Linux 文件与目录管理是 Linux 操作系统中非常基础且重要的一部分。Linux 系统的目录和文件数据被组织为一个树形目录结构,所有的分区、目录、文件等都具有一个相同的位置起点——根目录(/)。下面详细介绍 Linux 文件与目录管理的一些基本内容。

1) Linux 系统目录结构

在 Linux 系统中,文件和目录的权限管理是保证系统安全性的重要手段。了解如何设置和修改文件与目录的权限,对于大数据环境中数据的保护和访问控制至关重要。Linux 的文件系统结构如图 3-1 所示,不同版本的 Linux 系统在结构上可能存在微小差异。

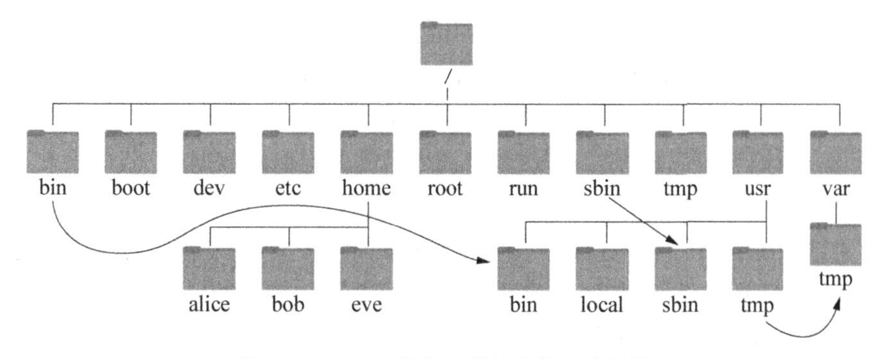

图 3-1 Linux 操作系统的文件系统结构

Linux 系统常见目录的用途如下。

(1) /bin：bin 是二进制文件(binaries)的缩写，这个目录存放着 Linux 中最经常使用的命令。

(2) /boot：这里存放的是启动 Linux 时使用的一些核心文件，包括一些连接文件以及镜像文件。

(3) /dev：dev 是设备(device)的缩写，该目录下存放的是 Linux 的外部设备，在 Linux 中访问设备的方式和访问文件的方式是相同的。

(4) /etc：etc 是等等(etcetera)的缩写，这个目录是用来存放所有的系统管理所需要的配置文件和子目录的。

(5) /home：该用户的主目录，在 Linux 中，每个用户都有一个自己的目录，一般该目录名是以用户的账号命名的，如图 3-1 中的 alice、bob 和 eve。

(6) /lib：lib 是库(library)的缩写，这个目录里存放着系统最基本的动态连接共享库，其作用类似于 Windows 里的 DLL 文件。几乎所有的应用程序都需要用到这些共享库。

(7) /media：Linux 系统会自动识别一些设备，例如 U 盘、光驱等等，当识别后，Linux 会把识别的设备挂载到这个目录下。

(8) /mnt：系统提供该目录是为了让用户临时挂载别的文件系统，我们可以将光驱挂载在/mnt/上，然后进入该目录就可以查看光驱里的内容了。

(9) /opt：opt 是可选(optional)的缩写，这是用来存放主机额外安装的软件的。比如你安装一个 ORACLE 数据库则就可以放到这个目录下。这个目录默认是空的。

(10) /proc：proc 是进程(processes)的缩写，/proc 是一种伪文件系统(也即虚拟文件系统)，存储的是当前内核运行状态的一系列特殊文件，这个目录是一个虚拟的目录，它是系统内存的映射，我们可以通过直接访问这个目录来获取系统信息。这个目录的内容不在硬盘上而是在内存里，我们也可以直接修改里面的某些文件，比如可以通过下面的命令来屏蔽主机的 ping 命令，使别人无法 ping 你的机器：

```
echo 1>/proc/sys/net/ipv4/icmp_echo_ignore_all
```

(11) /root：该目录为系统管理员，也称作超级权限者的用户主目录。

(12) /sbin：s 就是 super user 的意思，是 superuser binaries(超级用户的二进制文件)的缩写，这里存放的是系统管理员使用的系统管理程序。

(13) /srv：该目录存放的是一些服务启动之后需要提取的数据。

(14) /sys：这是 Linux2.6 内核的一个很大的变化。该目录下安装了 2.6 内核中新出现的一个文件系统 sysfs。sysfs 文件系统集成了下面 3 种文件系统的信息：针对进程信息的 proc 文件系统、针对设备的 devfs 文件系统以及针对伪终端的 devpts 文件系统。该文件系统是内核设备树的一个直观反映。当一个内核对象被创建的时候，对应的文件和目录也在内核对象子系统中被创建。

(15) /tmp：tmp 是临时(temporary)的缩写，这个目录是用来存放一些临时文件的。

(16) /usr:usr 是共享资源(unix shared resources)的缩写,这是一个非常重要的目录,用户的很多应用程序和文件都放在这个目录下,该目录类似于 Windows 下的程序文件目录。

(17) /usr/bin:系统用户使用的应用程序。

(18) /usr/sbin:超级用户使用的比较高级的管理程序和系统守护程序。

(19) /usr/src:内核源代码默认的放置目录。

(20) /var:var 是变量(variable)的缩写,这个目录中存放着在不断扩充着的东西,我们习惯将那些经常被修改的目录放在这个目录下,包括各种日志文件。

(21) /run:是一个临时文件系统,存储系统启动以来的信息。当系统重启时,这个目录下的文件应该被删掉或清除。如果你的系统上有/var/run 目录,应该让它指向 run。

如图 3-2 所示,可以使用 cd 命令进入根目录,再用 ls 命令查看当前目录,可以看到该节点的目录结构(不同操作系统版本的目录结构会有差异)。

```
[root@localhost /]# cd /
[root@localhost /]# ls
bin  boot  dev  etc  home  lib  lib64  media  mnt  opt  proc  root  run  sbin  srv  sys  tmp  usr  var
[root@localhost /]#
```

图 3-2 用 ls 命令查看 Linux 系统根目录

2) 绝对路径和相对路径

Linux 的目录结构为树状结构,最顶级的目录为根目录"/"。那么如何确定文件地址呢?我们需要先知道什么是绝对路径与相对路径。

(1) 绝对路径:路径由根目录/写起,例如:/usr/share/doc 这个目录是绝对路径的写法。

(2) 相对路径:路径不是由/写起,例如由/usr/share/doc 要切换到/usr/share/man 底下时,可以写成"cd../man",这就是相对路径的写法。

3) 目录操作常用命令

处理目录有如下常用命令。

(1) ls(list files):列出目录及文件名。

-a:全部的文件,连同隐藏文件(开头为"."的文件)一起列出来。

-d:仅列出目录本身,而不是列出目录内的文件数据。

-l:长数据串列出,包含文件的属性与权限等数据。

(2) cd(change directory):切换目录。

(3) pwd(print work directory):显示目前的目录。

(4) mkdir(make directory):创建一个新的目录。

-p:帮助你直接将所需要的目录(包含上一级目录)递归创建起来。

(5) rmdir(remove directory):删除一个空的目录。

-p:从该目录起,一次删除多级空目录。

(6) cp(copy file):复制文件或目录。

-i:若目标档(destination)已经存在时,在覆盖时会先询问动作的进行。

-r:递归持续复制,用于目录的复制行为。

(7) rm(remove):删除文件或目录。

-f:就是 force 的意思,忽略不存在的文件,不会出现警告信息。

-r:递归删除,需仔细确认、慎重选择。

(8) mv(move file):移动文件与目录,或修改文件与目录的名称。

对上述命令,我们可以使用“man”命令来查看各个命令的使用文档,如想要查看“cp”命令的使用文档,可以用“man cp”命令。

3. Linux 文件的基本属性

Linux 文件的基本属性是 Linux 系统文件管理的重要组成部分,它决定了文件的类型、权限、所有者、所属组、大小、修改时间等关键信息。

Linux 系统是一种典型的多用户系统,不同的用户拥有不同的权限。为了保护系统的安全性,Linux 系统对不同的用户访问同一文件(包括目录)的权限做了不同的规定。

在 Linux 中我们通常使用以下两个命令来修改文件或目录的所属用户与权限。

(1) chown (change owner):修改所属用户与组。

(2) chmod (change mode):修改用户的权限。

在 Linux 中我们可以使用“ll”或者“ls -l”命令来显示一个文件的属性以及文件所属的用户和组,如图 3-3 所示。

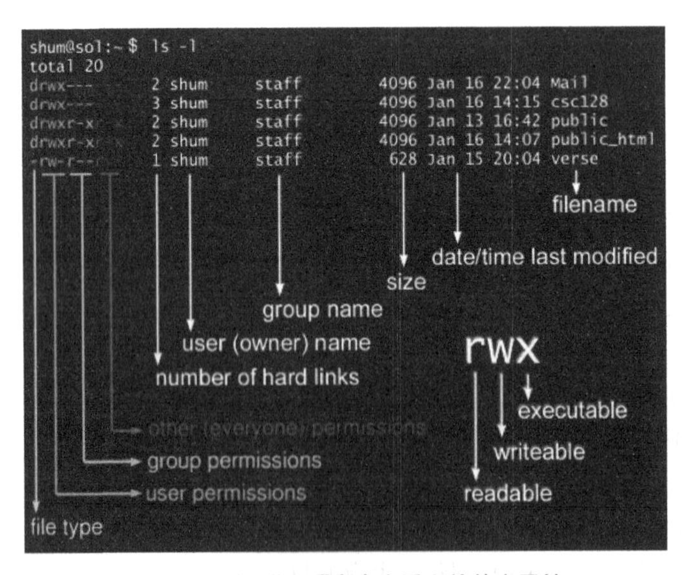

图 3-3 使用“ls -l”命令查看文件基本属性

每个文件的属性由左边第一部分的 10 个字符来确定(见图 3-4),从左至右用 0～9 这些数字来表示字符位置。

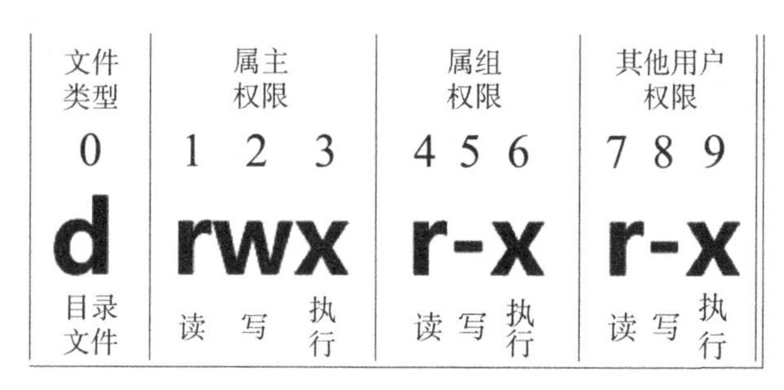

图3-4 文件属性各位置含义说明

第0位确定文件类型。若为d则是目录,若为-则是文件,若为l则表示为链接文档(link file),若是b则表示为装置文件里面的可供储存的接口设备(可随机存取装置),若是c则表示为装置文件里面的串行端口设备,例如键盘、鼠标(一次性读取装置)。

第1～3位确定属主(该文件的所有者)拥有该文件的权限。

第4～6位确定属组(所有者的同组用户)拥有该文件的权限。

第7～9位确定其他用户拥有该文件的权限。

其中,第1、4、7位表示读权限,r字符表示有读权限,-字符表示没有读权限;第2、5、8位表示写权限,w字符表示有写权限,-字符表示没有写权限;第3、6、9位表示可执行权限,如果x字符表示有执行权限,如果-字符表示没有执行权限。

文件都有一个特定的所有者,也就是对该文件具有所有权的用户。同时,在Linux系统中,用户是按组分类的,一个用户属于一个或多个组。文件所有者以外的用户又可以分为文件所属组的同组用户和其他用户。因此,Linux系统按文件所有者、文件所有者同组用户和其他用户,规定了不同的文件访问权限。不过,对于root用户来说,一般情况下,文件的权限对其不起作用。

更改文件基本属性的相关命令有chgrp、chown、chmod命令。

1) 更改文件属组

更改文件属组,可以使用chgrp命令。其格式如下:

```
chgrp [-R] 属组名 文件名
```

参数选项:

-R:递归更改文件属组,就是在更改某个目录文件的属组时,如果加上-R的参数,那么该目录下的所有文件的属组都会更改,也就是连同次目录下的所有文件都会变更。

2) 更改文件属主

更改文件属主,可以使用chown命令,其格式如下:

```
chown [-R] 属主名 文件名
chown [-R] 属主名:属组名 文件名
```

参数选项:

-R:同上,递归更改。

3) 更改文件三组读/写/执行

更改文件三组读/写/执行,共涉及9个属性,可以使用chmod命令。其格式如下:

```
chmod [-R] xyz 文件或目录
```

参数选项:

-R:同上。

xyz:x、y、z分别是数字类型的权限属性,为rwx属性对应二进制数值的相加。Linux文件的基本权限就有9个,分别是owner/group/others(拥有者/组/其他);三种身份各有自己的read/write/execute权限。文件的权限字符为:-rwxrwxrwx,这9个权限是三个三个一组的,可以用数字来代表,各权限的分数对照如下,r:4,w:2,x:1。各种情况求和不可能出现重复(就是二进制000-111,八种情况)。

每种身份(owner/group/others)的三个权限(r/w/x)的分数是需要累加的,例如当有一文件"test"的权限为:-rwxrwx---,分数则是:

owner=rwx=4+2+1=7;group=rwx=4+2+1=7;others=---=0+0+0=0

所以,如果需要设定权限变更,该文件的权限数字就是[4+2+1][4+2+1][0+0+0],即770。变更权限的指令chmod的语法是这样的:

```
chmod 770 test
```

上述chmod的用法称为数字法,另外还有一种符号法。在符号法中,用u(user)、g(group)、o(others)来代表三种身份的权限。此外,a则代表all,即全部的身份。读写的权限可以写成r,w,x,使用表3-1的方式来操作:

表3-1 用符号法修改文件属性

chmod	u g o a	+(加入) -(除去) =(设定)	r w x	文件或目录

如果我们需要将"test"文件权限设置为-rwxr-xr--,可以使用下列命令来设定:

```
chmod u=rwx,g=rx,o=r test
```

4. Linux用户管理

Linux系统是一个多用户多任务的分时操作系统,任何一个要使用系统资源的用户,都必须首先向系统管理员申请一个账号,然后以这个账号的身份进入系统。用户的账号一方面可以帮助系统管理员对使用系统的用户进行跟踪,并控制他们对系统资源的访问;另一方面也可以帮助用户组织文件,并为用户提供安全性保护。

每个用户账号都拥有一个唯一的用户名和各自的口令。用户在登录时键入正确的用户名和口令后，就能够进入系统和自己的主目录。实现用户账号的管理，完成以下工作：①用户账号的添加、删除与修改；②用户口令的管理；③用户组的管理。

1）添加新的用户

添加新的用户，可以用 useradd 命令。其格式如下：

```
useradd 选项 用户名
```

可选项：

-c：comment 指定一段注释性描述。

-d 目录：指定用户主目录，如果此目录不存在，则同时使用-m 选项，可以创建主目录。

-g 用户组：指定用户所属的用户组。

-G 用户组：指定用户所属的附加组。

-s Shell 文件：指定用户的登录 Shell。

-u 用户号：指定用户的用户号，如果同时有-o 选项，则可以重复使用其他用户的标识号。

例如：useradd -d /home/sam -m sam。此命令创建了一个用户 sam，其中-d 和-m 选项用来为登录名 sam 产生一个主目录/home/sam(/home 为默认的用户主目录所在的父目录)。可以通过 cat/etc/passwd 来查看所有用户账户，也可以到/home 里查看已有的用户账户。

2）删除用户

删除用户，可以用 userdel 命令。其格式如下：

```
userdel 选项 用户名
```

可选项：

-r：把用户的主目录一起删除。

3）修改帐号

修改帐号，可以用 usermod 命令。其格式如下：

```
usermod 选项 用户名
```

常用的选项包括-c，-d，-m，-g，-G，-s，-u 以及-o 等，这些选项的意义与 useradd 命令中的选项一样，可以为用户指定新的资源值。

4）用户口令管理

用户口令管理，可以用 passwd 命令。普通用户修改自己的口令时，passwd 命令会先询问原口令，验证后再要求用户输入两遍新口令，如果两次输入的口令一致，则将这个口令指定给用户；而超级用户为用户指定口令时，就不需要知道原口令。其格式如下：

```
passwd 选项 用户名
```

可选项：

-l：锁定口令，即禁用账号。

-u：口令解锁。

-d：使账号无口令。

-f：强迫用户下次登录时修改口令。

5）增加一个新的用户组

增加一个新的用户组，可以使用 groupadd 命令。其格式如下：

```
groupadd 选项 用户组
```

可选参数：

-g GID：指定新用户组的组标识号(GID)。

-o：一般与-g 选项同时使用，表示新用户组的 GID 可以与系统已有用户组的 GID 相同。

6）删除用户组

删除用户组，可以使用 groupdel 命令。其格式如下：

```
groupdel 用户组
```

7）修改用户组的属性

修改用户组的属性，可以使用 groupmod 命令。其格式如下：

```
groupmod 选项 用户组
```

可选参数：

-g GID：为用户组指定新的组标识号。

-o：与-g 选项同时使用，用户组的新 GID 可以与系统已有用户组的 GID 相同。

-n 新用户组：将用户组的名字改为新名字

例如，groupmod -g 102 group2，此命令将组 group2 的组标识号修改为 102。例如，groupmod -g 10000 -n group3 group2，此命令将组 group2 的标识号改为 10000，组名修改为 group3。

8）切换用户组

切换用户组，可以使用 newgrp 命令。其格式如下：

```
newgrp 目标组
```

5. Linux 文件与目录的链接

在 Linux 系统中，文件和目录可以通过链接进行关联。了解链接的概念和类型，有助于我们更好地管理文件和目录。

硬链接是指通过索引节点(inode)来进行链接。硬链接和源文件指向同一个 inode，因此它们具有相同的文件属性和数据块。在大数据环境中，通过硬链接可以实现数据的冗余存储和备份。

软链接(符号链接)是一个特殊的文件,它包含了对另一个文件的引用。与硬链接不同,软链接指向的是文件的路径名而不是 inode。在大数据环境中,软链接可以用于实现数据的快速访问和共享。

创建软链接可以使用 ln -s 命令,其格式如下:

```
ln -s 源文件或目录 目标文件或目录
```

6. 文件查找与搜索

在大数据环境中,我们经常需要查找和搜索特定的文件或目录。Linux 系统提供了多种命令和工具来帮助我们完成这项任务。

1) find 命令

find 命令用于在指定目录下搜索文件,并可以根据文件的名称、类型、大小、时间等属性进行匹配。find 命令的功能非常强大,可以满足各种复杂的搜索需求。其语法格式如下:

```
find [路径] [表达式]
```

例如,在/home/user 目录下查找名为 file. txt 的文件:

```
find /home/user -name file.txt
```

例如,在/etc 目录下查找所有. conf 结尾的文件,并删除它们(请谨慎使用,因为这可能会删除重要的配置文件):

```
find /etc -name"*.conf"-exec rm {} \;
```

例如,在“/home/user”目录下查找最近 7 天内修改过的文件:

```
find /home/user -mtime -7
```

2) locate 命令

locate 命令使用预构建的数据库来快速查找文件,而不是实时搜索整个文件系统。这通常比 find 命令快得多,但可能无法找到最近创建或移动的文件,除非数据库已更新。注意,在首次使用 locate 之前,可能需要运行 updatedb 命令来构建数据库。其语法格式如下:

```
locate [选项] [模式]
```

例如,查找名为 file. txt 的文件:

```
locate file.txt
```

例如,查找所有.conf 结尾的文件:

```
locate "*.conf"
```

3) whereis 命令

whereis 命令用于查找二进制文件、源代码文件和 man 手册页等文件的安装位置。在大数据环境中,whereis 命令可以帮助我们快速找到需要的工具或库文件。注意:whereis 可能不会显示所有相关的文件,特别是如果文件不在标准位置或没有正确安装时。其语法格式如下:

```
whereis [命令名]
```

例如,查找 ls 命令的位置:

```
whereis ls
```

任务 3.2　掌握 Linux 的进阶命令

掌握 Linux 的进阶命令是 Linux 系统管理和运维工作的重要部分,它涵盖了从基础的文件与目录管理到高级的系统监控、进程管理、网络操作等多个方面。

1. vi/vim 命令

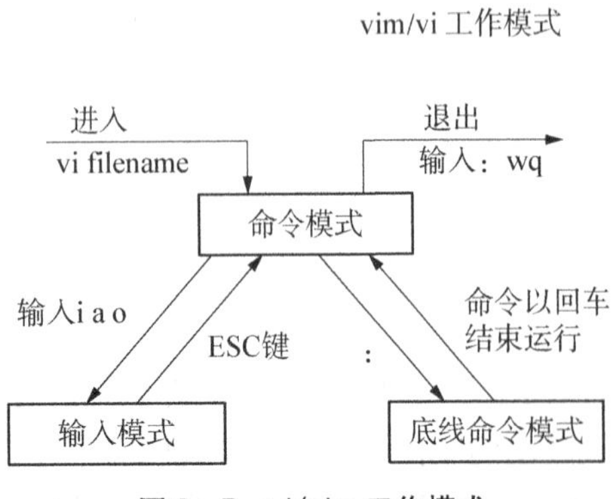

图 3-5　vi/vim 工作模式

vi 和 vim 是 Linux 和 Unix 系统上常用的文本编辑器,其中。vi 编辑器是 Linux 和 Unix 上最基本的文本编辑器,工作在字符模式下,不需要图形界面,因此效率很高。

vi/vim 具有三种编辑模式,三种模式间的转换方式如图 3-5 所示。

1) 命令模式

命令模式(Command Mode,一般模式):任何时候,只要单击一下“ESC”键,即可使 vi 进入命令行模式。在该模式下,用户可以输入各种合法的 vi 命令,用于管理自己的文档。输入的字符被当作编辑命令来解释,若输入的字符是合法的 vi 命令,则 vi 在接受用户命令之后完成相应的动作。该模式下的常用命令有:

(1) h:左。

(2) l:右。

(3) j:下。

(4) k:上。

(5) w:移至下一个单词的词首。

(6) e:跳至当前或下一个单词的词尾。

(7) b:跳至当前或前一个单词的词首。

(8) #G:跳转至第#行。

(9) gg:第一行。

(10) G:最后一行。

2) 输入模式

输入模式(Input Mode,编辑模式):在命令模式下输入插入命令 i、附加命令 a、打开命令 o、修改命令 c、取代命令 r 或替换命令 s 都可以进入文本输入模式。在该模式下,用户输入的任何字符都被 vi 当作文件内容保存起来,并将其显示在屏幕上。在文本输入过程中,若想回到命令模式下,单击"ESC"键即可。

3) 底线命令模式

底线命令模式(Last Line Mode,指令列命令模式):在命令模式下用户单击":"键即可进入末行模式下,此时 vi 会在显示窗口的最后一行(通常也是屏幕的最后一行)显示一个":"作为末行模式的提示符,等待用户输入命令。多数文件管理命令都是在此模式下执行的(如把编辑缓冲区的内容写到文件中等)。末行命令执行完后,vi 自动回到命令模式。该模式下的常用命令有:

(1) :q:退出。

(2) :wq:保存并退出。

(3) :q!:不保存并退出。

(4) :w:保存。

(5) :w!:强行保存。

(6) :x:保存并退出(与:wq 相同)。

vim 是 vi 的增强版,不仅兼容 vi 的所有指令,还增加了一些新的特性。vim 相较于 vi,还提供了更多的功能,如多级撤销、语法加亮、可视化操作等。由于 vim 在代码补全、编译及错误跳转等方面的功能特别丰富,在程序员中被广泛使用。简单的来说,vi 是老式的字处理器,不过功能已经很齐全了,但还是有可以进步的地方。vim 对程序开发者来说是一项很好用的工具。

2. Linux 进程管理与性能监控

在 Linux 系统中,进程是系统资源分配和调度的基本单位。了解进程的概念、状态以及如何进行进程管理,对于提高系统性能和稳定性至关重要。在大数据环境中,进程管理更是不可或缺的一部分,它涉及数据的处理、分析以及服务的运行等多个方面。常用的进程管理命令有 ps、top、kill 等,常用的性能监控工具有 vmstat 命令、iostat 命令、free 命令等。

例如，使用 ps 命令查看当前系统中运行的进程，并使用 kill 命令终止一个指定的进程：

```
# 查看进程信息
ps -ef|grep process_name
# 终止进程
kill -9 PID
```

例如，使用 vmstat 和 iostat 命令监控系统的 CPU 和磁盘 I/O 性能，并分析系统瓶颈所在：

```
# 监控 CPU 和内存使用情况
vmstat 1
# 监控磁盘 I/O 使用情况
iostat -d -k 1
```

例如，使用 top 命令实时显示系统中各个进程的资源占用状况，包括 CPU、内存、负载等。通过 top 命令，我们可以快速了解系统的性能瓶颈和资源使用情况：

```
top
```

例如，使用 vmstat 命令报告关于进程、内存、分页、块 IO、陷阱和 CPU 活动的信息。vmstat 命令可以帮助我们分析系统的内存使用情况、IO 等待时间等关键性能指标：

```
vmstat 1 5  #每秒更新一次，共更新 5 次
```

例如，使用 iostat 命令监视系统输入/输出设备的加载情况，如 CPU 使用情况、磁盘 I/O，iostat 命令可以帮助我们定位磁盘 I/O 瓶颈：

```
iostat -xz 1 5  #显示所有设备的扩展统计信息，每秒更新一次，共更新 5 次
```

在大数据环境中，合理地管理进程和监控系统性能是确保系统高效、稳定运行的关键。在后续的学习中，我们将继续探索 Linux 系统命令在大数据处理和分析方面的应用。

3. Linux 网络配置与管理

在 CentOS 7 中，网络配置和管理主要通过 nmcli（NetworkManager 的命令行工具）、nmtui（NetworkManager 的文本用户界面）和传统的 ifconfig（虽然 ifconfig 在 CentOS 7 中已被 ip 命令所取代，但为了兼容性，这里仍然会提及）以及 systemctl（用于管理服务）等工具进行。在 CentOS 7 中，网络接口的配置文件通常位于/etc/sysconfig/network-scripts/目录下，以 ifcfg-<interface_name>命名。例如，对于 eth0 接口，配置文件名为 ifcfg-eth0。

ip 命令用于显示和操纵路由、网络设备、策略路由和隧道。例如，查看网络接口信息：

```
ip addr show
```

在 CentOS 7 中，大多数网络服务都是通过 systemctl 命令来管理的。例如，启动、停止、重启和查看 sshd 服务状态：

```
# 启动 sshd 服务
sudo systemctl start sshd
# 停止 sshd 服务
sudo systemctl stop sshd
# 重启 sshd 服务
sudo systemctl restart sshd
# 查看 sshd 服务状态
sudo systemctl status sshd
# 设置 sshd 服务开机自启
sudo systemctl enable sshd
# 禁止 sshd 服务开机自启
sudo systemctl disable sshd
```

在 CentOS 7 中，默认的防火墙管理工具是 firewalld。例如，允许 SSH 流量通过防火墙，以及关闭防火墙：

```
# 允许 SSH 流量通过防火墙(永久生效)
sudo firewall-cmd --permanent --add-service=ssh
# 重新加载防火墙配置以应用更改
sudo firewall-cmd --reload
# 查看防火墙当前状态
sudo firewall-cmd --state
# 列出所有已允许的服务
sudo firewall-cmd --list-all
# 关闭防火墙
sudo systemctl stop firewalld
# 查看防火墙状态
sudo systemctl status firewalld
```

现在，我们了解了如何使用 ip 命令、systemctl 命令以及 firewalld 工具来配置网络接口、管理服务以及配置防火墙。这些技能在大数据环境中是确保系统高效、稳定运行的重要基础。

4. Linux 系统日志管理与分析

在大数据环境中，系统日志的管理与分析对于故障排除、性能监控以及安全审计等方面具有至关重要的作用。本部分将介绍 Linux 系统日志的基本知识和常用的日志管理工具。

Linux 系统日志主要存储在/var/log/目录下，包含了系统启动日志、内核日志、应用程序日志等。这些日志记录了系统运行过程中的各种事件和错误信息，对于系统管理员来说是非常宝贵的资源。

1）常用的日志管理工具

（1）logrotate：用于管理日志文件，包括日志的轮转、压缩、删除等。通过配置 logrotate，我们可以自动管理日志文件，避免日志文件过大，占用过多磁盘空间。

```
# 查看 logrotate 的配置文件
cat /etc/logrotate.conf
# 查看某个应用程序的日志轮转配置
cat /etc/logrotate.d/application_name
```

（2）rsyslog/syslog-ng：Linux 系统默认的日志守护进程，用于接收、处理和转发系统日志。通过配置 rsyslog 或 syslog-ng，我们可以将日志发送到远程服务器进行集中管理，或者将日志按照不同的级别和类型分别存储到不同的文件中。

```
# 查看 rsyslog 的配置文件
cat /etc/rsyslog.conf
# 重启 rsyslog 服务
sudo systemctl restart rsyslog
```

（3）journalctl：用于查询 systemd 日志的工具。在 CentOS 7 及更高版本中，systemd 作为默认的初始化系统，其日志由 journalctl 进行管理。

```
# 查看系统日志
journalctl
# 查看指定时间范围内的日志
journalctl --since "2023-01-01" --until "2023-01-02"
# 实时查看日志
journalctl -f
```

2）常用的文本处理工具

另外，awk、grep、sed 这些文本处理工具对于日志分析非常有用。通过组合使用这些工具，我们可以从大量的日志数据中提取出有用的信息，进行故障排查和性能分析。

（1）grep 用于在文件中搜索特定的模式或字符串，并输出包含该模式或字符串的行。

例如：

```
# 搜索文件 file.txt 中包含"error"的行
grep "error" file.txt
# 使用正则表达式搜索以"abc"开头的行
grep "^abc" file.txt
# 忽略大小写搜索"hello"
grep -i "hello" file.txt
```

（2）sed 是一个流编辑器，用于对输入流（或文件）进行基本的文本转换。它通常用于删除、替换或添加文本。例如：

```
# 将文件 file.tx 中所有的"apple"替换为"orange"
sed 's/apple/orange/g' file.txt
# 在文件 file.txt 的每一行末尾添加"END OF LINE"
sed 's/$/ END OF LINE/' file.txt
# 删除文件 file.txt 中的第 2 行
sed '2d' file.txt
```

（3）awk 是一个强大的文本分析工具，用于模式扫描和文本/数据提取。它通常用于处理结构化文本文件，如 CSV 或日志文件。例如：

```
# 打印文件 file.txt 中的第一列(假设列由空格分隔)
awk '{print $1}' file.txt
# 搜索包含"error"的行，并打印其第一列
awk '/error/ {print $1}' file.txt
# 计算文件 file.txt 中有多少行
awk 'END {print NR}' file.txt
```

Linux 还有很多其他命令，如制作定时任务、压缩与解压、包管理器等都是在大数据环境中经常用到的命令。受篇幅限制，这里不再一一介绍，感兴趣的读者可以查阅资料进一步了解。

练习题

（1）在 test 节点上，进入 root 目录创建一个文件夹“bigdata”，然后在“/root/bigdata”文件夹里创建 2 个文件“test.txt”“test2.txt”，并查看这些文件的权限。

（2）将 bigdata 压缩到根目录，然后再从根目录解压到根目录的 files 文件夹中。

（3）创建一个名为 admin 的组；然后创建 tom 用户，以 admin 作为附加组；最后，创建 ace 用户，用户不许登录系统，admin 不是其附加组。

(4) 使用 chmod 命令修改指定文件"/root/bigdata/test. txt"的权限,使其只能被所有者读取和写入,而其他人无法访问。

(5) 在根目录下,创建一个指向某个重要数据文件"/root/bigdata/test. txt"的软链接"linkfile",以实现快速访问。

(6) 在"/root/bigdata"目录下查找所有以". txt"结尾的文件,并将它们复制到另一个任意目录。

(7) 关闭 test 节点的防火墙。

(8) 使用 find 命令查找/etc 目录下所有目录以及子目录下共有多少个 passwd 文件(按照文件名搜索,不区分文件名大小),统计数量(输出结果 wc -l),将命令写入/root/result/f01. sh 文件中。

(9) 制作定时任务,每月 1 号、10 号、22 号凌晨 4 点每 10 分钟运行 cp 命令(/usr/bin/cp)对/etc/passwd 文件进行备份,存储位置为/opt/etc-passwd。

(10) 制作定时任务,每天 7:50 开启 ssh 服务,每天 22:50 关闭 ssh 服务。

(11) 使用 journalctl 命令查询系统日志,结合 grep 等文本处理工具进行过滤和分析。例如,可以查询某个特定时间段内与某个服务相关的日志信息。

项目 4

Hadoop 分布式系统

项目概述

本项目共包含 4 个任务。首先展示了 Hadoop 集群的完整搭建过程，作为在集群中进行更复杂操作的基础，然后介绍了如何根据生产环境对集群性能进行调优，最后介绍了 Hadoop 的两大核心组件 HDFS 和 MapReduce 的功能和使用方法。

项目目标

- 从 0 搭建 Hadoop 集群
- 学会 Hadoop 集群运维
- 掌握 HDFS 常用操作
- 理解分布式计算框架 MapReduce

任务 4.1　从 0 搭建 Hadoop 集群

在大数据时代，数据的存储、处理和分析能力成为企业竞争力的关键因素之一。Hadoop，作为开源的分布式计算框架和存储系统，以其高可靠性、高扩展性和高效性，成为处理大规模数据集的首选平台。Hadoop 集群的搭建是学习和应用 Hadoop 技术的第一步，也是深入理解其分布式架构和工作原理的重要实践。

1. Hadoop 知识概述

Hadoop，作为处理大数据的分布式系统基础架构，已经广泛应用于各行各业。Hadoop 不仅是一个单一的软件，而是一个由多个组件构成的生态系统。本节将详细介绍 Hadoop 生态系统的各个组成部分，帮助读者全面了解 Hadoop 的功能和应用。

1) Hadoop 核心组件

Hadoop 是由 Apache 基金会打造的大数据分布式系统基础架构。用户无需深究分布式技术的底层细节，即可在 Hadoop 上开发和运行分布式程序，从而充分发挥集群的优势，实现高效的数据运算与存储。

Hadoop 的成功主要得益于其精心构建的多模块生态圈，这一生态圈汇集了多种功能组件，不仅覆盖了数据存储、数据集成、数据处理，还囊括了其他数据分析工具。图 4-1 展示了 Hadoop 生态圈中的关键组件，这些组件在分布式环境中紧密协作，确保了整体系统的高效与稳定。

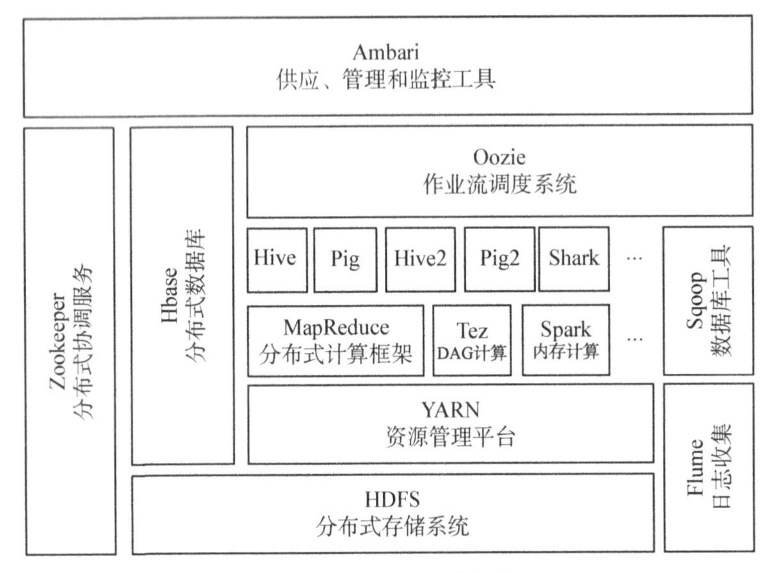

图 4-1　Hadoop 系统架构图

其中，Zookeeper 在 Hadoop 生态圈中扮演着分布式协调服务的关键角色，为大型分布式系统提供高性能、可靠、有序的协同服务。而 Pig 和 Hive 等工具，则为复杂的数据处理与查询提供了强大的支持，使得数据分析变得更为便捷与高效。值得一提的是，Sqoop 和 Flume 等框架的加入，更是为 Hadoop 与其他企业系统的融合铺平了道路。Sqoop 使得 Hadoop 与结构化数据存储之间的数据迁移变得简单高效，而 Flume 则为日志数据的收集、聚合与传输提供了强大的支持。

此外，Hadoop 的灵活性也是其成功的关键。由于其开源的特性，开发者可以根据实际需求进行定制和优化，从而使其更好地适应各种应用场景。这种开放性和可扩展性，使得 Hadoop 在大数据处理领域独树一帜，受到了广泛的认可和应用。对于 Hadoop 基础架构而言，HDFS 和 MapReduce 是 Hadoop 的两大核心组件，HDFS 是 Hadoop 的分布式文件系统，MapReduce 则是 Hadoop 的计算框架。

(1) HDFS(Hadoop Distributed File System)。

HDFS 是 Hadoop 的分布式文件系统，专为存储和处理大规模数据集而设计。它能够提供高吞吐量来访问应用程序的数据，适合那些有着超大数据集的应用程序。HDFS 专为高容错性、高吞吐量的数据存储而设计。HDFS 放宽了 POSIX 的要求，这样可以实现以流的形式访问文件系统中的数据。HDFS 的构想和目标就是处理大型文件，它应该将硬件错误看作常态而非异常情况，并且能够在普通硬件构成的大型集群上运行。HDFS

将文件分割成多个数据块，并分散存储在集群的不同节点上，实现了数据的分布式存储和冗余备份，提高了数据的可靠性和可用性。

在 HDFS 的架构中，几个关键组件的共同协作可以确保数据的可靠性、可用性和高效处理：

① NameNode：负责管理文件系统的元数据。

② DataNode：负责存储实际的数据块。

③ Secondary NameNode：辅助 NameNode，执行周期性的检查点操作。

NameNode 是文件系统的管理者，负责管理文件系统的元数据。元数据是描述数据的数据，包括文件系统的目录结构、文件和目录的权限信息等。NameNode 维护了一个文件系统的命名空间，记录了每个文件和目录在 HDFS 中的位置和状态。通过跟踪这些元数据，NameNode 能够迅速响应客户端对文件系统的查询和操作请求。

与 NameNode 相对应的是 DataNode，它负责存储实际的数据块。在 HDFS 中，文件被分割成多个数据块，并分散存储在集群的不同节点上。DataNode 就是这些节点上负责存储数据块的组件。它们不仅负责存储数据，还负责处理来自客户端的读写请求，并根据 NameNode 的指令进行数据块的复制和迁移。

为了减轻 NameNode 的负担并提高其可靠性，HDFS 还引入了 Secondary NameNode 的角色。Secondary NameNode 辅助 NameNode 执行周期性的检查点操作，帮助合并文件系统的元数据镜像和编辑日志，从而防止编辑日志过大导致的性能问题。虽然它不提供热备份功能，但在 NameNode 发生故障时，可以帮助恢复数据。

HDFS 的特点与优势主要体现在高度容错性和高吞吐量上。由于数据在 HDFS 中自动保存多个副本，能够防止数据丢失，并在部分节点发生故障时，通过其他节点上的数据副本进行数据恢复。这种设计大大提高了数据的可靠性和可用性。同时，HDFS 适合大规模数据的批量处理，其高吞吐量的特性使得系统能够迅速处理大量的数据读写请求，满足大数据处理的需求。

总之，其具有以下特点。①高度容错性：数据自动保存多个副本，防止数据丢失。②高吞吐量：适合大规模数据的批量处理。③简化的一致性模型：通过“一次写入多次读取”的文件访问模型简化数据一致性问题。

（2）MapReduce。

MapReduce 是 Hadoop 中的一个核心计算框架，它是一种编程模型，用于大规模数据集的并行处理。该框架可应用于日志分析、数据挖掘、机器学习等。MapReduce 的名称源于其主要的两个处理阶段：映射（Map）和归约（Reduce）。通过这个框架，用户能够编写两个主要的函数：一个 Map 函数和一个 Reduce 函数，MapReduce 框架会将这两个函数分发到集群中的多个节点上，从而实现对大数据的并行处理。其工作原理主要拆分为 3 个阶段：Map、Shuffle、Reduce。

① Map 阶段：将输入数据拆分为多个键值对。

② Shuffle 阶段：对 Map 阶段输出的键值对进行排序和分组。

③ Reduce 阶段：对分组后的键值对进行处理，生成最终结果。

在 Map 阶段，MapReduce 框架会将输入数据分割成独立的小块，称为"splits"，然后为每一块数据分配一个 Map 任务。Map 函数由用户根据业务需求实现，它会对输入的每一对 key-value 数据进行处理，并生成一系列的中间 key-value 对。这些中间结果会暂时写入到本地磁盘上，并为接下来的 Reduce 阶段做准备。

在 Map 和 Reduce 之间，有一个名为 Shuffle 的隐含阶段。在这个阶段，MapReduce 框架会对 Map 阶段输出的中间 key-value 对进行排序和分组，确保相同 key 的所有 value 值聚集在一起，并传递给相应的 Reduce 任务。

在 Reduce 阶段，框架会对中间 key-value 对进行归约处理。每个 Reduce 任务处理一组共享相同 key 的 value 集合。用户实现的 Reduce 函数会对这些 value 进行合并、统计或其他形式的处理，最终生成并输出一系列 key-value 对作为最终结果。

MapReduce 的优势在于其能够自动处理数据的分发、任务的调度以及容错等问题，使得开发人员可以专注于业务逻辑的实现，而无需关心底层的分布式细节。此外，由于 MapReduce 是基于 Hadoop 的，因此它能够充分利用 HDFS 的高容错性和高吞吐量特性，非常适合处理和分析大规模数据集。

2）Hadoop 数据处理与存储扩展组件

（1）HBase。

HBase 是一个高可靠性、高性能、面向列、可伸缩的分布式存储系统，它是 Apache Hadoop 生态系统中的重要组成部分。HBase 运行在 HDFS 之上，提供了类似于 Google Bigtable 的存储能力，适用于存储非结构化和半结构化的松散数据。

HBase 的主要特点是其面向列的存储模型。与传统的关系型数据库不同，HBase 中的数据是按照列族进行组织的。每个表在 HBase 中被划分为多个列族，每个列族可以包含任意数量的列。这种设计使得 HBase 能够灵活地处理稀疏数据，即那些只有少数列有值的数据。此外，HBase 还支持动态添加列，无需像关系型数据库那样提前定义表结构。HBase 的另一个显著特点是其可伸缩性。由于 HBase 是基于 Hadoop 的分布式文件系统 HDFS 构建的，因此它能够水平扩展到数百或数千个节点上。这种可伸缩性使得 HBase 能够轻松处理 PB 级别的数据，并且能够根据需求动态增减节点，以满足不断变化的数据存储需求。

在性能方面，HBase 通过利用内存缓存、压缩、批量处理等机制，实现了高效的读写操作。同时，它还支持多种访问接口，包括 Java API、REST API、Thrift API 等，使得开发人员可以根据实际需求选择适合的访问方式。

除了基本的存储功能外，HBase 还提供了丰富的数据操作功能，如原子性操作、计数器、过滤器等。这些功能使得 HBase 能够应对复杂的数据处理需求，如实时分析、数据挖掘等。

HBase 以列族方式存储数据，支持动态增加列。数据存储在表中，表由行和列组成。其主要特点有：高可扩展性，即随着数据量的增长，可以方便地扩展集群规模；高性能，即通过缓存和批量处理等技术提高数据读写性能。HBase 适用于用户画像、时序数据等场景。

HBase 是一个功能强大、灵活可扩展的分布式存储系统，适用于处理大规模的非结构化和半结构化数据。面向列的存储模型、可伸缩性以及高性能，使得 HBase 在大数据领域具有广泛的应用前景。

(2) Hive。

Hive 是一个基于 Hadoop 的数据仓库工具，它可以将结构化的数据文件映射为一张数据库表，并提供简单的类 SQL 查询语言 HiveQL(也称为 HQL)来查询数据。Hive 允许开发人员使用类似于 SQL 的语法来进行数据查询和分析，从而简化了大数据处理的复杂性。

Hive 的主要特点是其能够将 Hadoop 中的数据文件映射成表格，使得数据以表格的形式展现，这让数据分析和查询变得更加直观和便捷。通过 Hive，用户可以像操作传统数据库一样来操作 Hadoop 中的数据，无需了解底层的分布式存储和计算细节。Hive 支持多种数据格式，包括文本文件、SequenceFile、Parquet、ORC 等，这使得它能够灵活地处理不同类型的数据。同时，Hive 还支持自定义函数(User-Defined Function, UDF)，用户可以根据自己的需求来编写函数、处理数据，进一步增强了其灵活性和可扩展性。Hive 的执行引擎可以将 HiveQL 语句转换成 MapReduce、Tez 或 Spark 作业来运行，从而实现对数据的并行处理。这种转换过程对用户是透明的，用户只需编写 HiveQL 语句，而无需关心底层的执行细节。

除了基本的查询功能外，Hive 还支持数据的插入、更新和删除操作，以及数据的聚合、连接等操作。这些功能使得 Hive 能够满足复杂的数据处理需求，如数据挖掘、数据分析等。

Hive 的架构与功能主要列举如下。

① 用户接口：提供命令行界面、Web 界面和客户端 API 等多种接入方式。

② 元数据存储：存储表的定义、列的数据类型等信息。

③ 查询处理器：将 SQL 查询转化为 MapReduce 任务。

Hive 是一个功能强大、易于使用的数据仓库工具，它简化了 Hadoop 中的数据处理过程，并提供了类似于 SQL 的查询语言来操作数据。Hive 的灵活性和可扩展性使得它成为大数据处理领域中的重要工具之一，广泛应用于数据仓库、数据分析等领域。

3) 资源管理与调度组件

在 Hadoop 生态系统中，资源管理与调度组件扮演着至关重要的角色，它们负责合理地分配和调度集群资源，以确保各个作业能够高效、稳定地运行。接下来，我们将重点介绍 YARN 这一核心的资源管理与调度组件。

YARN(Yet Another Resource Negotiator)是 Hadoop 2.0 及以上版本中的资源管理系统，它负责整个集群资源的管理和调度。YARN 的出现使得 Hadoop 从一个单一的 MapReduce 计算框架转变为一个通用的分布式计算平台，支持多种计算框架的运行。其基本架构如下。

(1) ResourceManager：负责整个系统的资源管理和调度。

(2) NodeManager：负责管理所在节点的资源和任务。

(3) ApplicationMaster:负责协调来自 ResourceManager 的资源,并监控任务的执行状态。

(4) Container:资源分配和任务运行的基本单位。

YARN 在大数据处理、机器学习、图计算等多种分布式计算场景中被广泛应用,得益于其如下特点与优势。

(1) 高度的可扩展性和灵活性:支持多种计算框架和应用程序的运行。

(2) 细粒度的资源管理和调度:提高资源利用率和任务执行效率。

4) Hadoop 数据集成与传输组件

在 Hadoop 生态系统中,数据的集成与传输是至关重要的一环。以下是一些关键的数据集成与传输组件。

(1) Sqoop。Sqoop 是一个用于在 Hadoop 和结构化数据存储(如关系型数据库)之间高效传输大量数据的工具。其应用场景包括数据迁移、数据备份、数据同步等。它允许用户将数据从关系型数据库导入到 Hadoop HDFS 中,或者将数据从 Hadoop 导出到关系型数据库中。其可以实现批量导入/导出数据,提高数据迁移效率,并且支持多种关系型数据库,如 MySQL、Oracle 等。Sqoop 还提供增量导入功能,只迁移自上次操作以来发生变化的数据。

(2) Flume。Flume 是一个分布式、可靠且可用的服务,用于有效地收集、聚合和移动大量日志数据。其应用场景包括日志收集、实时监控、数据传输等。它具有基于流式数据流的简单灵活的架构,允许在线分析应用。其主要包括下列核心组件。

① Source:负责接收数据,可以定制数据接收方式。

② Channel:临时存储数据的组件,可以对数据进行简单的处理。

③ Sink:负责数据的输出,可以定制数据的发送方。

5) Hadoop 安全与监控组件

随着 Hadoop 在大数据处理领域的广泛应用,数据安全和集群监控变得尤为重要。Hadoop 生态系统提供了一系列安全与监控组件,以确保数据的安全性和集群的稳定性。

Apache Knox 是一个为 Hadoop 集群提供安全网关的解决方案。它为企业级 Hadoop 集群提供了身份验证、授权和审计等安全功能。

Apache Ambari 是一个用于管理和监控 Hadoop 集群的开源项目。它提供了一个直观的 Web 界面,方便用户管理和配置 Hadoop 组件,以及监控集群的状态和性能。

6) Hadoop 部署与运维

Hadoop 的部署和运维是确保大数据平台稳定运行的关键环节。以下将介绍 Hadoop 集群的部署方式、运维挑战以及一些常见的优化策略。

Hadoop 集群的部署通常分为单机模式、伪分布式模式和完全分布式模式。

(1) 单机模式:所有进程都运行在同一个 JVM 实例中,主要用于开发和调试。

(2) 伪分布式模式:在单个机器上模拟分布式环境,每个 Hadoop 守护进程作为一个单独的 Java 进程运行。

(3) 完全分布式模式:在多个物理节点上部署 Hadoop,每个节点运行不同的守护进程,实现真正的分布式处理。

HadooP 的运营与维护主要面临如下挑战。

(1) 集群规模管理:随着数据量的增长,需要不断扩大集群规模,这带来了节点管理、资源配置和数据均衡等方面的挑战。

(2) 数据安全性与可靠性:确保数据在传输和存储过程中的安全性,以及防止数据丢失或损坏,是运维工作的重点。

(3) 性能调优:根据工作负载的特点,对 Hadoop 集群进行性能调优,以提高数据处理效率和响应速度。

可通过以下方式对 Hadoop 进行优化。

(1) 合理配置 HDFS 块大小:根据数据特点和访问模式,调整 HDFS 的块大小,以平衡存储效率和读写性能。

(2) 优化 MapReduce 任务:通过调整 Mapper 和 Reducer 的数量、配置合适的压缩算法等方式,提高 MapReduce 作业的执行效率。

(3) 利用缓存机制:利用 Hadoop 的缓存机制,减少不必要的数据传输和磁盘 I/O 操作,提升数据处理速度。

7) Hadoop 应用案例与发展趋势

Hadoop 在各个领域都有广泛的应用,以下是一些典型的应用案例。

(1) 日志分析:通过 Hadoop 对海量日志数据进行处理和分析,帮助企业了解用户行为、优化产品设计和提升服务质量。

(2) 推荐系统:利用 Hadoop 进行用户画像构建和推荐算法训练,为用户提供个性化的推荐内容。

(3) 金融风控:通过 Hadoop 对金融交易数据进行实时监测和分析,及时发现并防范潜在的风险。

Hadoop 生态系统作为大数据处理的核心架构之一,已经渗透到了各行各业。通过深入了解 Hadoop 的各个组件和功能特点,我们可以更好地利用这一强大工具来处理和分析海量数据,为企业和个人带来更多价值。同时,随着技术的不断进步和创新,Hadoop 也将继续发展壮大,为大数据领域注入更多活力和可能性。

2. Hadoop 集群搭建总体流程

Hadoop 集群的搭建是一个涉及多个步骤和配置的过程。主要包括以下步骤。

(1) 环境准备:包括关闭防火墙、修改主机名和 IP 地址、配置时间同步、安装 SSH 并实现免密登录等。

(2) 安装 JDK:Hadoop 依赖于 Java 环境,因此需要在每台机器上安装 JDK 并配置环境变量。

(3) 部署 Zookeeper:下载 Zookeeper 安装包,解压并配置 Zookeeper,启动该服务。

(4) 安装 Hadoop:下载 Hadoop 安装包,解压并配置 Hadoop 环境变量。

（5）配置 Hadoop：编辑 Hadoop 的配置文件，如 core-site. xml、hdfs-site. xml、mapred-site. xml、yarn-site. xml 等。

（6）初始化 Hadoop：格式化 HDFS 并启动 Hadoop 集群。

（7）验证集群状态：通过 Web 界面或命令行工具验证 Hadoop 集群是否正常运行。

下面，我们将以 master、slave1、slave2 三个节点为例，搭建一个经典的 Hadoop 集群。

3. 环境准备

要充分发挥 Hadoop 的潜力，首先需要从基础做起，即搭建一个稳定、高效的 Hadoop 集群环境。在正式搭建 Hadoop 集群之前，环境准备是至关重要的一步。

1）关闭防火墙

首先，需要在所有集群节点上执行以下命令来关闭防火墙，因为开着防火墙会导致后续很多步骤无法成功执行（以 CentOS 为例）。

```
# 临时关闭防火墙
sudo systemctl stop firewalld
# 永久关闭防火墙(需要重启生效)
sudo systemctl disable firewalld
```

注意，“systemctl stop firewalld”仅可以临时关闭防火墙，待系统重启后，防火墙会自动打开，需要再次手动关闭。如果想永久关闭防火墙，可以使用“systemctl disable firewalld”命令。

完成关闭后，可以使用“systemctl status firewalld”命令，查看防火墙状态，确认其已关闭，成功关闭后的界面如图 4－2 所示，提示中出现“Active: inactive (dead)”字样。

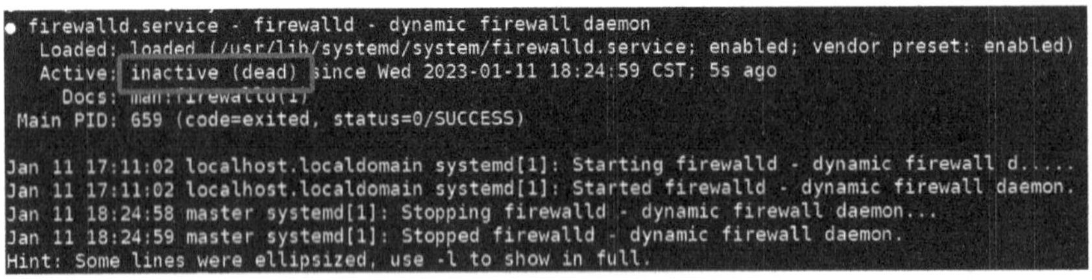

```
● firewalld.service - firewalld - dynamic firewall daemon
   Loaded: loaded (/usr/lib/systemd/system/firewalld.service; enabled; vendor preset: enabled)
   Active: inactive (dead) since Wed 2023-01-11 18:24:59 CST; 5s ago
     Docs: man:firewalld(1)
 Main PID: 659 (code=exited, status=0/SUCCESS)

Jan 11 17:11:02 localhost.localdomain systemd[1]: Starting firewalld - dynamic firewall d.....
Jan 11 17:11:02 localhost.localdomain systemd[1]: Started firewalld - dynamic firewall daemon.
Jan 11 18:24:58 master systemd[1]: Stopping firewalld - dynamic firewall daemon...
Jan 11 18:24:59 master systemd[1]: Stopped firewalld - dynamic firewall daemon.
Hint: Some lines were ellipsized, use -l to show in full.
```

图 4－2　查看防火墙状态

2）配置域名与 IP 地址映射

配置 hosts 文件，将常用的域名和 IP 地址映射加入到 hosts 文件中，使主机名和 IP 地址逐一对应，这样就能实现更快速、更方便的访问。

首先，需要分别将“192. 168. 121. 132”“192. 168. 121. 133”“192. 168. 121. 134”三个节点的主机域名设置为“master”“slave1”“slave2”，使用 hostnamectl 命令可以完成这一任务。

在 master 节点执行如下命令：

```
[root@localhost ~]# hostnamectl set-hostname master
[root@localhost ~]# bash
```

其中，Bash是Bourne Again SHell的缩写，是目前Linux和Unix系统中最流行的命令行界面(CLI)和脚本解释器之一。而如果在Linux中直接输入“bash”并按下回车键，将会启动一个新的Bash会话。

在slave1节点执行如下命令：

```
[root@localhost ~]# hostnamectl set-hostname slave1
[root@localhost ~]# bash
```

在slave2节点执行如下命令：

```
[root@localhost ~]# hostnamectl set-hostname slave2
[root@localhost ~]# bash
```

然后，在hosts文件中添加master、slave1、slave2三个节点IP与主机名映射，需要使用vi命令编辑/etc/hosts文件：

```
[root@master ~]# vi /etc/hosts
```

上述指令可以进入hosts文件的vi界面，在hosts文件的末尾添加以下三行内容，每一行代表一组映射关系：

```
192.168.121.132 master
192.168.121.133 slave1
192.168.121.134 slave2
```

最后，在slave1和slave2节点完成同理操作。编辑slave1的hosts文件：

```
[root@slave1 ~]# vi /etc/hosts
```

在slave1节点的hosts文件中加入以下内容：

```
192.168.121.132 master
192.168.121.133 slave1
192.168.121.134 slave2
```

编辑slave2的hosts文件：

```
[root@slave2 ~]# vi /etc/hosts
```

在slave2节点的hosts文件中加入以下内容：

```
192.168.121.132 master
192.168.121.133 slave1
192.168.121.134 slave2
```

3）配置时间同步

Hadoop是一个基于时间的系统，它使用时间戳来管理数据的顺序。在分布式计算环境中，数据的处理和计算结果往往需要与时间紧密关联，配置时间同步可以确保数据处理的正确性和一致性。如果Hadoop集群中的各个节点时间不同步，那么在处理涉及时间戳的数据时，可能会导致数据的混乱，从而影响数据的准确性和计算的正确性。另外，时间不同步还可能导致集群中的节点在通信时出现连接超时等问题，进而影响整个系统的稳定性和效率。

在实际生产环境中，Hadoop集群中的大部分服务器可能无法直接连接外网。因此，需要在内网搭建一个时间服务器（NTP服务器），然后让集群的各个节点与这个时间服务器进行时间同步。NTP（Network Time Protocol）是一种广泛使用的网络时间协议，可以用来同步网络中各个计算机的时间。在Hadoop集群中，通常会将NameNode所在的机器配置为NTP服务器，因为这个机器通常更加稳定可靠。

（1）配置时区。

tzselect是一种用于选择时区的工具，它可以帮助用户在不同的时区之间进行切换。现在要使用tzselect命令，统一各节点时区。例如，可以将时区更改为上海时间（CST＋0800时区）：

```
[root@master ~]# tzselect
[root@slave1 ~]# tzselect
[root@slave2 ~]# tzselect
```

按照提示，输入数字，单击回车，可选择时区，输入你想要选择的地理区域的编号。例如，如果要选择亚洲，就输入对应的编号。注意，三个节点都需完成同样操作。

使用tzselect命令本身并不会直接更改系统的时区设置，它只会提示所选择的时区的写法。例如，在刚才的选择中，会出现“TZ='Asia/Shanghai'; export TZ”的提示，要应用时区设置，你需要按照以下步骤操作：

```
[root@master ~]# echo "TZ='Asia/Shanghai';export TZ">>/etc/profile
[root@master ~]# source /etc/profile
[root@slave1 ~]# echo "TZ='Asia/Shanghai';export TZ">>/etc/profile
[root@slave1 ~]# source /etc/profile
[root@slave2 ~]# echo "TZ='Asia/Shanghai';export TZ">>/etc/profile
[root@slave2 ~]# source /etc/profile
```

完成上述步骤后，你可以通过输入 date 命令来验证系统的时区设置是否已更新。如果显示的时间与你选择的时区相符，则说明时区设置已成功应用。

（2）配置 NTP 服务器。

如果虚拟机未安装网络时间协议（Network Time Protocol，NTP）服务，可以使用 yum 命令完成安装：

```
[root@master ~]# yum install -y ntp
Loaded plugins: fastestmirror
...
Dependency Updated:
  openssl.x86_64 1:1.0.2k-25.el7_9        openssl-libs.x86_64 1:1.0.2k-25.el7_9
Complete!
```

注意，以上只是 master 节点的安装步骤，不要忘记还需要在 slave1 和 slave2 节点进行安装。

接下来，在处理 NTP 配置时，特别是当你想要将某个服务器设置为 NTP 服务器，并指定其层级（stratum）以及为局域网内的其他主机提供服务时，通常会编辑 NTP 的配置文件，这个文件在大多数 Linux 系统中是/etc/ntp.conf：

```
[root@master ~]# vi /etc/ntp.conf
```

然后查找并注释掉现有的 server 行，在/etc/ntp.conf 文件中，找到所有指向外部 NTP 服务器的 server 行，并在每行前添加#来注释掉它们，同时新加两行内容：

```
server 127.127.1.0
fudge 127.127.1.0 stratum 10
```

其中，server 作用是指定 NTP 服务器的地址，这里指定了本地主机作为时间服务器。fudge 作用是设置时间服务器的层级，该命令必须和 server 一起用，而且是在 server 的下一行。stratum 表示层级，0～15，0 是顶级，10 通常用于给局域网主机提供时间服务。127.127.1.0 是一个特殊的地址，用于 NTP 的本地时钟（local clock），而不是本机 IP。完整配置内容如图 4－3 所示。

（3）开启 NTP 服务并同步时间。

更改/etc/ntp.conf 后，需要重启 NTP 服务以使更改生效：

```
[root@master ~]# /bin/systemctl restart ntpd.service # 重启服务
```

将 slave1 节点和 slave2 节点对 master 节点完成手动时间同步（前提是防火墙已关闭）：

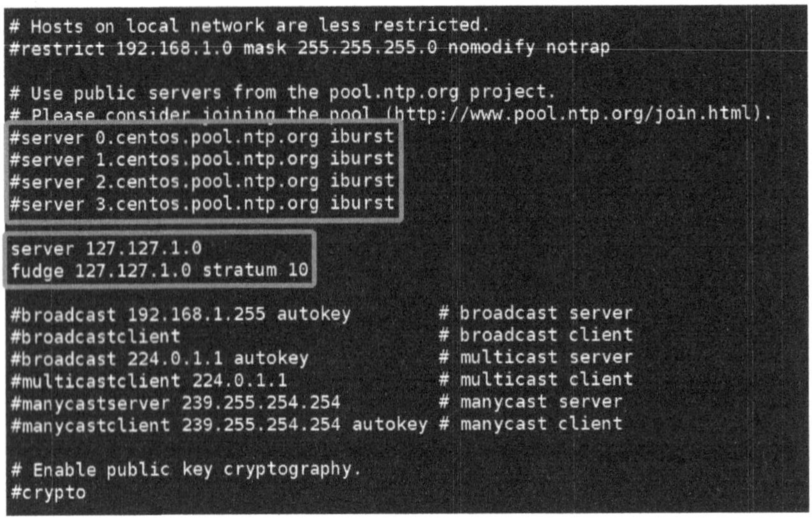

```
# Hosts on local network are less restricted.
#restrict 192.168.1.0 mask 255.255.255.0 nomodify notrap

# Use public servers from the pool.ntp.org project.
# Please consider joining the pool (http://www.pool.ntp.org/join.html).
#server 0.centos.pool.ntp.org iburst
#server 1.centos.pool.ntp.org iburst
#server 2.centos.pool.ntp.org iburst
#server 3.centos.pool.ntp.org iburst

server 127.127.1.0
fudge 127.127.1.0 stratum 10

#broadcast 192.168.1.255 autokey        # broadcast server
#broadcastclient                        # broadcast client
#broadcast 224.0.1.1 autokey            # multicast server
#multicastclient 224.0.1.1              # multicast client
#manycastserver 239.255.254.254         # manycast server
#manycastclient 239.255.254.254 autokey # manycast client

# Enable public key cryptography.
#crypto
```

图 4-3　配置 NTP 服务器

```
[root@slave1 ~]# ntpdate master
11 Jan 18:36:39 ntpdate[2827]: step time server 192.168.121.132 offset 1.021636 sec
[root@slave2 ~]# ntpdate master
11 Jan 18:36:39 ntpdate[2493]: step time server 192.168.121.132 offset 1.189931 sec
```

（4）定时同步。

集群在长期运行中，难免会出现时间上的误差，对此可以添加定时任务，使集群各节点定时与 NTP 服务器进行同步。例如，在早上九点至晚上五点这一时间段内，每隔 20 分钟同步一次本地服务器时间：

```
[root@slave1 ~]# crontab -e
```

然后加入以下内容，以添加一条定时任务：

```
*/20 9-17 * * * /usr/sbin/ntpdate master
```

对于 slave2 节点，也是同理进行操作。完成操作后，可以在 slave1 和 slave2 节点上，使用“crontab -l”来查看定时任务列表。

（5）SSH 免密登录。

在大型系统或集群环境中，如果每个节点都需要通过密码进行登录，那么管理和维护这些密码将变得非常烦琐。SSH 免密登录使得用户无需在每次远程连接时输入密码，从而节省了大量的时间。这在需要频繁进行远程连接和操作的场景下尤为重要，如集群管理、自动化脚本执行等。

相比传统的密码认证方式，SSH 免密登录通过密钥对进行身份验证，这种非对称加密方式更加安全。因为即使公钥被泄露，也无法直接用来解密私钥或进行身份验证，除非私钥也被泄露。此外，密钥对可以定期更换，进一步增强了安全性。SSH 免密登录由于具有提高效率、增强安全性、便于管理和实现自动化操作等优点，成为远程连接和管理中的一项重要技术。

在每个节点上安装 SSH 服务(通常已预安装)，然后生成 SSH 密钥对，并将公钥追加到~/. ssh/authorized_keys 文件中，以实现免密登录。首先，在主节点生成公钥文件“id_rsa. pub”：

```
[root@master ~]# ssh-keygen
```

三次提问可以默认不填，直接单击三次回车，如图 4-4 所示：

```
[root@master ~]# ssh-keygen
Generating public/private rsa key pair.
Enter file in which to save the key (/root/.ssh/id_rsa):
Created directory '/root/.ssh'.
Enter passphrase (empty for no passphrase):
Enter same passphrase again:
Your identification has been saved in /root/.ssh/id_rsa.
Your public key has been saved in /root/.ssh/id_rsa.pub.
The key fingerprint is:
97:5a:d4:ba:c8:ae:26:c0:6c:c8:34:03:01:d6:c0:0a root@master
The key's randomart image is:
+--[ RSA 2048]----+
|=+o              |
|E. .        .    |
|+          . .   |
|.+         . o   |
|o+o      S =     |
|..=       . = .  |
| . .     + .     |
|     . . .       |
|      o...       |
+-----------------+
```

图 4-4 SSH 免密配置

接下来，将公钥分发给包括自己在内的所有免密节点。如果需要在不同节点间免密登录，则需要将公钥分发到其他节点的~/. ssh/authorized_keys 文件中。

```
[root@master ~]# ssh-copy-id master
[root@master ~]# ssh-copy-id slave1
[root@master ~]# ssh-copy-id slave2
```

分发完成后，可以使用“ssh master”“ssh slave1”“ssh slave2”来测试免密登录。

4. 安装 JDK

Hadoop 主要是用 Java 编写的，其主要的组件包括 HDFS(Hadoop Distributed File System)、MapReduce、YARN(Yet Another Resource Negotiator)等。因此，Hadoop 的正常运行依赖于 Java 的运行时环境(JRE)或 Java 开发工具包(JDK)，具体取决于需要的功能，如编译 Hadoop 源代码需要 JDK，而仅运行 Hadoop 用 JRE 可能就足够了。

Java是一种跨平台的编程语言，其“一次编写，到处运行”的特性使得Hadoop能够轻松地在多种操作系统上部署和运行，如Linux、Windows和MacOS等。这意味着，只要这些系统安装了相应版本的Java环境，就可以运行Hadoop，无需为不同的操作系统编写不同的版本。

此外，Hadoop生态系统中包含了大量的工具和库，如Hive、HBase、Spark等，这些工具大多也是用Java编写的，或者至少与Java有紧密的集成。因此，安装Java环境可以确保Hadoop集群能够无缝地与这些工具进行交互。

1）解压jdk安装包

首先，将jdk安装包解压到特定目录下，如“/usr/java”目录。先在master上操作，然后远程复制到slave1和slave2。如果虚拟机上没有jdk安装包，则可以从本地上传，上传的方法有lrzsz命令、xftp软件、scp命令等。

```
[root@master ~]# mkdir -p /usr/java
[root@master ~]# cd /usr/java/
```

将jdk安装包上传到/usr/java目录下（上传步骤略），然后使用tar命令解压：

```
[root@master java]# tar -zxvf jdk-8u161-linux-x64.tar.gz -C /usr/java
```

在tar的参数选项中，-z表示使用gzip进行压缩和解压缩，-x表示解压缩，-v：表示显示详细信息，-f：表示指定文件，-C用于指定解压后的目标路径。

2）配置系统环境变量

配置系统环境变量JAVA_HOME，同时将JDK安装路径中bin目录加入PATH系统变量，注意生效变量，查看JDK版本。

```
[root@master java]# vi /etc/profile
```

在/etc/profile中加入以下内容：

```
export JAVA_HOME=/usr/java/jdk1.8.0_161
export CLASSPATH=$JAVA_HOME/lib
export PATH=$PATH:$JAVA_HOME/bin
```

使用source命令生效设置：

```
[root@master java]# source /etc/profile   # 生效环境变量
[root@master java]# java -version   # 验证是否安装成功
java version "1.8.0_161"
Java(TM) SE Runtime Environment (build 1.8.0_161-b12)
Java HotSpot(TM) 64-Bit Server VM (build 25.161-b12, mixed mode)
```

看到如上Java版本信息，即表示Java环境安装成功。

3）将 Java 环境同步到其他节点

在 master 节点的 Java 环境配置成功后，使用 scp 命令将 Java 包和环境变量文件分别远程分发到 slave1 节点和 slave2 节点的对应位置中：

```
[root@master java]# scp -r /usr/java root@slave1:/usr
[root@master java]# scp -r /usr/java root@slave2:/usr
[root@master java]# scp -r /etc/profile root@slave1:/etc/
[root@master java]# scp -r /etc/profile root@slave2:/etc/
```

最后，不要忘记生效 slave1 和 slave2 的环境变量：

```
[root@slave1 ~]# source /etc/profile
[root@slave2 ~]# source /etc/profile
```

使用 java -version 验证 jdk 安装是否成功：

```
[root@slave1 ~]# java -version # 验证 slave1 节点 jdk 是否安装成功
java version "1.8.0_161"
Java(TM) SE Runtime Environment (build 1.8.0_161-b12)
Java HotSpot(TM) 64-Bit Server VM (build 25.161-b12, mixed mode)
[root@slave2 ~]# java -version # 验证 slave2 节点 jdk 是否安装成功
java version "1.8.0_161"
Java(TM) SE Runtime Environment (build 1.8.0_161-b12)
Java HotSpot(TM) 64-Bit Server VM (build 25.161-b12, mixed mode)
```

5. 部署 ZooKeeper

ZooKeeper 作为 Hadoop 生态中的重要一员，扮演着分布式协调服务的角色，为 Hadoop 集群中的各个组件提供了一致的命名服务、配置管理、集群管理以及分布式锁等关键功能。因此，在搭建 Hadoop 集群的过程中，部署 ZooKeeper 是至关重要的一步。

1）ZooKeeper 简介

ZooKeeper 作为一个为分布式应用提供一致性服务的开源软件，通过提供一系列简单而强大的 API，帮助用户构建分布式应用程序和系统。这些 API 支持分布式应用程序在复杂环境中实现同步、配置维护和命名服务等功能。ZooKeeper 提供了强一致性的数据模型，所有对 ZooKeeper 的更新操作都会被按照顺序应用到每个节点上，保证了数据的一致性。客户端可以通过监听机制获取最新的数据状态，从而实现对分布式系统的同步协调。安装 ZooKeeper 对于构建和维护分布式应用程序和系统具有重要意义。它具有强一致性、高可用性、高可靠性和可扩展性等特点，支持分布式应用中的关键功能，如主节点选举、配置管理和分布式锁等，并能够在微服务架构中实现服务发现功能。

ZooKeeper 的选举机制是确保其分布式协调服务高可用性的关键组成部分。该机制基于ZAB(ZooKeeper Atomic Broadcast)协议，并采用了类似于Paxos算法的过半数原则来选举集群中的主节点(leader)。ZooKeeper的选举机制主要在以下几种情况下被触发。

(1) 初始化阶段：当集群中没有节点或需要初始化一个新的集群时，需要选举一个初始的Leader。

(2) Leader宕机：当当前的leader节点发生故障或不可用时，为了保证集群的正常运行，需要选举一个新的leader。

(3) 集群重启：当整个集群发生重启时，则需要重新选举leader，以恢复集群的协调服务。

2) 解压ZooKeeper安装包

配置ZooKeeper的整体思路与配置Java环境同理，先配置master节点，再同步到其他节点。ZooKeeper安装包可以到Apache Hadoop官网下载，例如zookeeper-3.4.10.tar.gz。首先，需要创建一个用于存放ZooKeeper安装包的工作目录：

```
[root@master ~]# mkdir -p /usr/zookeeper   # 创建工作路径
[root@master ~]# cd /usr/zookeeper/   # 进入Zookeeper工作路径
```

然后，将ZooKeeper安装包zookeeper-3.4.10.tar.gz上传至/usr/zookeeper/目录下(上传步骤略)，再进行解压：

```
[root@master zookeeper]# tar -zxvf /usr/zookeeper/zookeeper-3.4.10.tar.gz -C /
usr/zookeeper/
```

3) 配置环境变量

使用以下命令配置环境变量：

```
[root@master zookeeper]# vi /etc/profile
```

将以下内容加入环境变量文件中：

```
export ZOOKEEPER_HOME=/usr/zookeeper/zookeeper-3.4.10
PATH=$PATH:$ZOOKEEPER_HOME/bin
```

生效环境变量：

```
[root@master zookeeper]# source /etc/profile
```

4) 配置核心文件

ZooKeeper的默认配置文件为ZooKeeper安装路径下的conf/zoo_sample.cfg文件，根据其文件名，可以发现这其实是一个模板文件，包含了一些提示信息和示例代码。现将其重命名为zoo.cfg：

```
[root@master zookeeper]# cd /usr/zookeeper/zookeeper-3.4.10
[root@master zookeeper-3.4.10]# cd conf/
[root@master conf]# ls
configuration.xsl  log4j.properties  zoo_sample.cfg
[root@master conf]# mv zoo_sample.cfg zoo.cfg   # zoo_sample.cfg是自带的模板文件
```

接着，编辑 zoo. cfg 文件，在其内设置好数据存储路径、日志文件路径，并设置集群列表。这里统一约定，设置 master 节点为 1 号服务器，slave1 节点为 2 号服务器，slave2 节点为 3 号服务器：

```
[root@master conf]# vi zoo.cfg
```

将数据存储路径设为/usr/zookeeper/zookeeper-3. 4. 14/zkdata，日志文件路径设为/usr/zookeeper/zookeeper-3. 4. 14/zkdatalog，当然这两个文件地址的具体位置也可以根据需求进行调整，但需保持前后统一。ZooKeeper 的 3 台服务器分别用 server. 1、server. 2、server. 3 表示，需完成端口绑定，2888 端口是 follower 和 leader 的通信端口，3888 是选举端口。可按图 4 - 5 方式修改 zoo. cfg 文件：

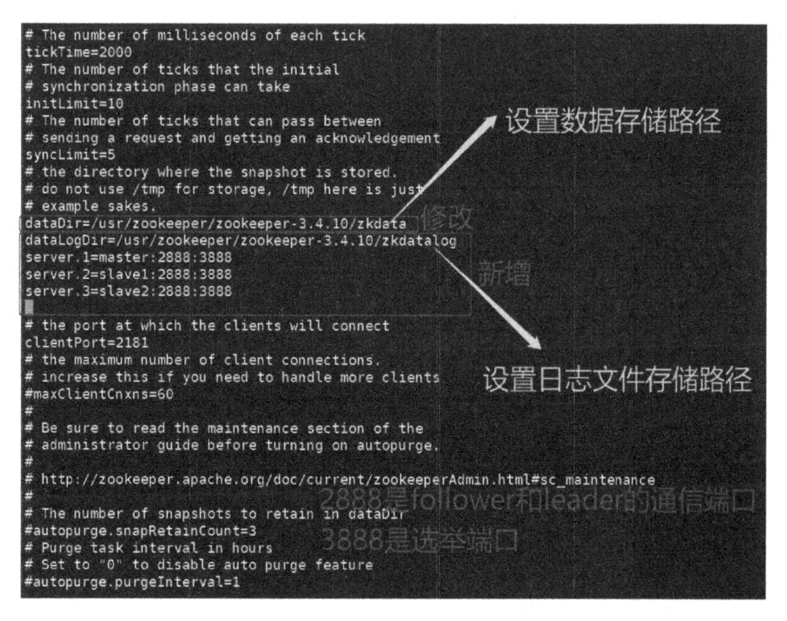

图 4 - 5　配置 zoo. cfg 文件

创建数据存储文件夹、日志存储文件夹，注意观察创建文件时的工作目录位置，不要出错：

```
[root@master conf]# cd..
[root@master zookeeper-3.4.10]# mkdir zkdata zkdatalog
```

在数据存储路径下创建 myid 文件，写入对应的主机服务器标识序号：

```
[root@master zookeeper-3.4.10]# cd zkdata
[root@master zkdata]# echo 1>>myid
[root@master zkdata]# ls
myid
```

5）同步和微调配置

在分布式系统中，特别是使用 ZooKeeper 进行集群管理时，确保所有节点（包括 master 和 slave 节点）的配置和状态同步是非常重要的。因此，需要确保 ZooKeeper 的配置与环境变量在 slave1 和 slave2 上同步，同时调整各自节点的 myid 文件内容。

先将 master 节点的 zookeeper 文件夹远程复制到 slave1 和 slave2 节点的对应目录下：

```
[root@master zkdata]# scp -r /usr/zookeeper root@slave1:/usr/
[root@master zkdata]# scp -r /usr/zookeeper root@slave2:/usr/
```

并将 master 节点的/etc/profile 文件同步到 slave1 和 slave2 节点：

```
[root@master zkdata]# scp -r /etc/profile root@slave1:/etc/
[root@master zkdata]# scp -r /etc/profile root@slave2:/etc/
```

生效环境变量：

```
[root@slave1 ~]# source /etc/profile
[root@slave2 ~]# source /etc/profile
```

更新 slave1 节点的 myid 文件，将其改为 2：

```
[root@slave1 ~]# cd /usr/zookeeper/zookeeper-3.4.10/zkdata
[root@slave1 ~kdata]# vi myid
```

更新 slave2 节点的 myid 文件，将其改为 3：

```
[root@slave2 usr]# cd /usr/zookeeper/zookeeper-3.4.10/zkdata
[root@slave2 zkdata]# vi myid
```

6）启动 ZooKeeper 集群并验证

分别启动 master、slave1、slave2 三个节点的 ZooKeeper 服务：

```
[root@master zkdata]# zkServer.sh start # 启动 master 的 zookeeper 服务
[root@slave1 zkdata]# zkServer.sh start # 启动 slave1 的 zookeeper 服务
[root@slave2 zkdata]# zkServer.sh start # 启动 slave2 的 zookeeper 服务
```

此时，使用jps命令查看当前系统中正在运行的Java的进程及其相关信息：

```
[root@master zkdata]# jps
2339 QuorumPeerMain
2420 Jps
[root@slave1 zkdata]# jps
2371 QuorumPeerMain
2468 Jps
[root@slave2 zkdata]# jps
2229 QuorumPeerMain
2282 Jps
```

使用zkServer.sh status查看各节点ZooKeeper的服务状态：

```
[root@master zkdata]# zkServer.sh status # 查看 master 的 zookeeper 服务状态
ZooKeeper JMX enabled by default
Using config: /usr/zookeeper/zookeeper-3.4.10/bin/../conf/zoo.cfg
Mode: follower
[root@slave1 zkdata]# zkServer.sh status # 查看 slave1 的 zookeeper 服务状态
ZooKeeper JMX enabled by default
Using config: /usr/zookeeper/zookeeper-3.4.10/bin/../conf/zoo.cfg
Mode: follower
[root@slave2 zkdata]# zkServer.sh status # 查看 slave2 的 zookeeper 服务状态
ZooKeeper JMX enabled by default
Using config: /usr/zookeeper/zookeeper-3.4.10/bin/../conf/zoo.cfg
Mode: leader
```

可以看到，在当前的ZooKeeper集群中，master节点和slave1节点作为follower，slave2节点作为leader。ZooKeeper的配置和启动有时会因为操作失误而导致失败。在启动ZooKeeper时，若提示ZooKeeper指令找不到，则说明环境变量配置有误。若ZooKeeper集群启动指令执行成功后，集群状态仍旧异常，那么开启失败的原因一般是：配置文件有误、myid未修改正确、防火墙没关闭等。此时，需要先分别在各节点使用zkServer.sh stop命令，关闭各节点ZooKeeper服务，然后检查配置文件，包括zoo.cfg、环境变量、myid等。一定要仔细检查，修改正确后，重新开启。

6. 部署Hadoop

Hadoop集群通常由一个主节点(Master Node，也称为NameNode)和多个从节点(Slave Nodes，也称为DataNode)组成。完成了环境准备、JDK安装、ZooKeeper部署这些步骤之后，下面我们开始部署Hadoop集群。

1）Hadoop 集群概述

Hadoop 集群的部署架构灵活多样，主要包括三种核心模式，以适应不同的使用场景和需求。首先是独立模式（也称为单机模式），它主要用于 Hadoop 的初步学习和基本功能测试，所有 Hadoop 组件均在同一台机器上运行。其次是伪分布式模式，这种模式模拟了一个小型集群环境，使得 Hadoop 的各个组件（如 NameNode、DataNode 等）虽然运行在同一台物理机上，但逻辑上相互独立，模拟了分布式操作，非常适用于开发和调试阶段。最后，完全分布式模式则是 Hadoop 在生产环境中的标准部署方式，它要求 Hadoop 组件跨越多台物理机，形成真正的分布式集群，以支持大规模数据处理任务。

为了提升 Hadoop 集群的可靠性和稳定性，特别是确保 NameNode 等关键组件的高可用性，业界常采用 ZooKeeper 来提供自动故障转移和数据一致性的管理服务。ZooKeeper 作为一个分布式协调服务，能够监控 Hadoop 集群中 NameNode 等关键组件的健康状态，并在检测到故障时自动触发故障转移机制，确保数据服务的连续性和一致性。

在 Hadoop 集群中，NameNode 扮演着至关重要的角色，它负责存储整个文件系统的元数据信息，包括数据文件的目录结构、权限信息以及数据文件与数据块之间的映射关系等。而 DataNode 则负责实际存储用户提交的数据文件，它们会定期向 NameNode 发送心跳信号，报告自身的健康状态和数据块信息，以确保数据的一致性和可用性。

此外，Hadoop YARN 框架中的 NodeManager 和 ResourceManager 组件也至关重要。NodeManager 负责在集群的每个节点上启动和管理应用程序的容器（如 MapReduce 任务所需的 JVM 进程），同时监控这些应用程序的资源使用情况，并向 ResourceManager 报告。而 ResourceManager 则作为集群资源的中心管理者，负责接收来自 NodeManager 的资源报告，并根据一定的调度策略（如公平调度器、容量调度器等）将资源分配给各个应用程序，确保集群资源的有效利用和任务的顺利执行。

2）解压 Hadoop 安装包

整个 Hadoop 的部署过程，同理于 Java 环境和 ZooKeeper，先配置 master 节点，然后同步到 slave1 和 slave2 节点。Hadoop 安装包可以从 Apache Hadoop 官网下载，这里以/usr/hadoop/hadoop-2.7.4.tar.gz 为例。先回到主目录，然后创建工作目录并进入：

```
[root@master zkdata]# cd
[root@slave1 zkdata]# cd
[root@slave2 zkdata]# cd
[root@master ~]# mkdir -p /usr/hadoop
[root@master ~]# cd /usr/hadoop
```

将 Hadoop 安装包上传到/usr/hadoop（上传步骤略），然后将其解压：

```
[root@master hadoop]# tar -zxvf /usr/hadoop/hadoop-2.7.4.tar.gz -C /usr/hadoop/
```

3）配置环境变量

编辑环境变量/etc/profile 文件：

```
[root@master hadoop]# vi /etc/profile
```

为了后期可以直接调用 Hadoop 指令，需要先将 Hadoop 文件的 bin 和 sbin 加入系统变量，直接在/etc/profile 文件末尾追加以下内容：

```
export HADOOP_HOME=/usr/hadoop/hadoop-2.7.4
export PATH=$PATH:$HADOOP_HOME/bin:$HADOOP_HOME/sbin
```

生效环境变量：

```
[root@master hadoop]# source /etc/profile
```

4）配置核心文件

核心配置文件是对 Hadoop 集群进行配置和管理的重要组成部分，它们定义了 Hadoop 集群的各种参数，如数据节点、任务调度器、资源管理器等。Hadoop 的核心配置文件主要包括 core-site.xml、hdfs-site.xml、yarn-site.xml、mapred-site.xml、hadoop-env.sh、yarn-env.sh 等。上述配置文件的具体情况如表 4-1 所示。

表 4-1 Hadoop 核心配置文件

配置文件	配置对象	主要内容	配置文件
core-site.xml	集群全局参数	定义系统级别的参数，包括 HDFS URL、Hadoop 临时目录等	core-site.xml
hdfs-site.xml	HDFS 参数	定义名称节点、数据节点的存放位置、文本副本的个数、文件读取权限等	hdfs-site.xml
yarn-site.xml	集群资源管理系统参数	配置 ResourceManager、NodeManager 的通信端口、Web 监控端口等	yarn-site.xml
mapred-site.xml	MapReduce 参数	包括 JobHistory Server 和应用程序参数两部分，定义 reduce 任务的默认个数、任务默认所能够使用的内存的上下限等	mapred-site.xml
hadoop-env.sh	hadoop 运行环境	定义 Hadoop 运行环境相关的配置信息	hadoop-env.sh
yarn-env.sh	yarn 运行环境	YARN 框架运行环境的配置	yarn-env.sh

core-site.xml 的作用包含了 Hadoop 的通用配置，如 Hadoop 的文件系统和 I/O 设置、Hadoop 日志目录、Hadoop 缓存设置等。其重要配置项如下：

（1）fs.defaultFS：默认使用的文件系统类型，通常设置为 HDFS 的 URI。

（2）hadoop.tmp.dir：Hadoop 的临时目录，HDFS 的 NameNode 和 DataNode 的默认

存储位置也依赖于此配置。

(3) io. file. buffer. size:读写序列文件时的缓冲区大小。

hdfs-site. xml 的作用包含了 Hadoop 分布式文件系统(Hadoop Distributed File System,HDFS)的配置,如 HDFS 的副本数、块大小、数据目录、安全设置等。其重要配置项如下。

(1) dfs. replication:数据块的备份数量,决定了数据的冗余度。

(2) dfs. blocksize:HDFS 中文件被切分成块的大小,默认是 128MB。

(3) dfs. namenode. name. dir:NameNode 的 fsimage 和 edits 文件的存储位置。

(4) dfs. datanode. data. dir:DataNode 上数据块的存储位置。

yarn-site. xml 的作用包含了 Hadoop 资源管理器(Yet Another Resource Negotiator,YARN)的配置,如 YARN 的资源分配策略、调度程序、队列管理器等。其重要配置项如下。

(1) yarn. resourcemanager. address:ResourceManager 对客户端暴露的地址。

(2) yarn. resourcemanager. scheduler. address:ResourceManager 对 ApplicationMaster 暴露的调度地址。

(3) yarn. resourcemanager. resource-tracker. address:ResourceManager 对 NodeManager 暴露的地址。

mapred-site. xml(在 Hadoop 2. x 及以上版本中,也可能是 mapreduce-site. xml)的作用包含了 Hadoop MapReduce 的配置,如 MapReduce 的作业跟踪器、任务跟踪器、Shuffle 设置等。其重要配置项如下。

(1) mapreduce. framework. name:MapReduce 框架的名称,设置为 yarn 表示运行在 YARN 上。

(2) mapreduce. jobhistory. address:MapReduce JobHistory Server 的地址。

(3) mapreduce. jobhistory. webapp. address:MapReduce JobHistory Server 的 Web UI 地址。

除了上述四个核心配置文件外,Hadoop 还包含一些其他配置文件,如 hadoop-env. sh(设置 Hadoop 运行所需的环境变量)、yarn-env. sh(设置 YARN 运行所需的环境变量)等。这些配置文件提供了更细粒度的配置选项,如 Java 虚拟机(JVM)选项、Hadoop 度量配置等。

下面开始对 Hadoop 核心配置文件进行设置:

(1) 配置 Hadoop 运行环境。Hadoop 运行环境需要在 hadoop-env. sh 文件中配置,使用 vi 命令进行编辑:

```
[root@master hadoop] # cd /usr/hadoop/hadoop-2.7.4/etc/hadoop/
[root@master hadoop] # vi hadoop-env. sh
```

将 jdk 安装路径配置到 JAVA_HOME 变量:

```
export JAVA_HOME=/usr/java/jdk1.8.0_161
```

（2）设置全局参数。编辑全局参数配置文件 core-site. xml：

```
[root@master hadoop]# vi core-site.xml
```

指定 HDFS 上 NameNode 的地址为 master，端口默认为 9000，指定临时存储目录为本地/root/hadoopData/tmp：

```
<configuration>
<property>
    <name>fs.default.name</name>
    <value>hdfs://master:9000</value>
</property>
<property>
    <name>hadoop.tmp.dir</name>
    <value>/root/hadoopData/tmp</value>
</property>
</configuration>
```

（3）设置 HDFS 参数。编辑 hdfs-site. xml 文件：

```
[root@master hadoop]# vi hdfs-site.xml
```

指定备份文本数量为 2（Hadoop 是具有可靠性的，它会备份多个文本，备份数量应小于等于节点的数量）；指定 NameNode 存放元数据信息的路径为本地/root/hadoopData/name；指定 DataNode 存放元数据信息的路径为本地/root/hadoopData/data；关闭 hadoop 集群权限校验（安全配置），允许其他用户连接集群；指定 DataNode 之间通过域名方式进行通信：

```
<configuration>
  <property>
    <name>dfs.secondary.http.address</name>
    <value>127.0.0.1:50090</value>
  </property>
  <property>
    <name>dfs.replication</name>
    <value>2</value>
  </property>
  <property>
    <name>dfs.namenode.name.dir</name>
    <value>/root/hadoopData/name</value>
```

```
    </property>
    <property>
        <name>dfs.datanode.data.dir</name>
        <value>/root/hadoopData/data</value>
    </property>
    <property>
        <name>dfs.permissions</name>
        <value>false</value>
    </property>
    <property>
        <name>dfs.datanode.use.datanode.hostname</name>
        <value>true</value>
    </property>
</configuration>
```

5）设置 YARN 运行环境

YARN 运行环境需要在 yarn-env.sh 文件中进行配置，可以先用 vi 命令进行编辑，然后设置 JAVA_HOME 的参数值为安装 jdk 的实际位置，或者也可以直接用以下命令完成配置：

```
[root@master hadoop]# echo "export JAVA_HOME=/usr/java/jdk1.8.0_161">>
yarn-env.sh
```

使用 echo 命令可以实现显示文本、输出环境变量、写入文件以及命令替换等功能。这里将指定文本追加到文件末尾。

6）设置 YARN 核心参数

配置 YARN 核心参数，将 ResourceManager 部署在名为 master 的主机上，并设置其监听端口为 18141。同时，指定 MapReduce 框架使用 mapreduce_shuffle 作为数据获取方式。首先，使用 vi 命令编辑 yarn-site.xml 文件。

```
[root@master hadoop]# vi yarn-site.xml
```

然后，将相关属性的键值对添加到 yarn-site.xml 文件的<configuration>标签里（加粗部分）：

```
<configuration>
<!-- Site specific YARN configuration properties -->
    <property>
        <name>yarn.resourcemanager.address</name>
        <value>master:18040</value>
```

```
    </property>
    <property>
        <name>yarn.resourcemanager.scheduler.address</name>
        <value>master:18030</value>
    </property>
    <property>
        <name>yarn.resourcemanager.webapp.address</name>
        <value>master:18088</value>
    </property>
    <property>
        <name>yarn.resourcemanager.resource-tracker.address</name>
        <value>master:18025</value>
    </property>
    <property>
        <name>yarn.resourcemanager.admin.address</name>
        <value>master:18141</value>
    </property>
    <property>
        <name>yarn.nodemanager.aux-services</name>
        <value>mapreduce_shuffle</value>
    </property>
    <property>
        <name>yarn.nodemanager.auxservices.mapreduce.shuffle.class</name>
        <value>org.apache.hadoop.mapred.ShuffleHandler</value>
    </property>
</configuration>
```

在 YARN 配置中，yarn. resourcemanager. admin. address 参数并不是直接用来指定 ResourceManager（RM）进程所在的主机地址和端口的。相反，它主要用于指定 ResourceManager 的管理员接口的地址和端口，这个接口主要用于管理员操作，如更新配置等。如果想要指定 ResourceManager 的主机地址和端口，你应该使用 yarn. resourcemanager. hostname 这个参数。yarn. resourcemanager. hostname 通常用于指定 ResourceManager 运行的主机名。但是，在 YARN 的较新版本中，这个参数可能不再直接需要设置，因为 ResourceManager 的地址和端口通常会通过其他参数（如 yarn. resourcemanager. address）以及服务发现机制（如 HDFS 的 NameNode 解析或 ZooKeeper）来确定。然而，在一些特定场景或旧版本中，可能需要手动设置此参数。

在 YARN 的配置中，yarn. nodemanager. auxservices. mapreduce. shuffle. class 参数

用于指定 NodeManager 辅助服务(auxiliary service)中用于 MapReduce shuffle 类的全限定名。这个参数是 MapReduce 在 YARN 上运行所必需的,因为它告诉 NodeManager 当 MapReduce 作业需要 shuffle 服务时,应该使用哪个类来处理 shuffle 过程中的数据传输。随着 Hadoop 的发展,具体的实现类可能会发生变化,因此最好查阅所使用的 Hadoop 版本的官方文档。

7) 配置 MR 运行在 YARN 上

配置 MapReduce(MR)在 YARN 上运行,需要设置相应的计算框架参数,确保 MapReduce 作业能够利用 YARN 的资源管理和调度功能。这通常通过将 mapreduce.framework.name 参数设置为 yarn 来实现。该文件是 MapReduce 的核心配置文件,用于指定 MapReduce 运行时框架。

首先,我们可以找到 hadoop 文件夹中的模板文件 mapred-site.xml.template,将其复制为 mapred-site.xml,并编辑它:

```
[root@master hadoop]# cp mapred-site.xml.template mapred-site.xml
[root@master hadoop]# vi mapred-site.xml
```

配置以下参数:

```
<configuration>
    <property>
        <name>mapreduce.framework.name</name>
        <value>yarn</value>
    </property>
</configuration>
```

8) 设置节点文件

在 Hadoop 集群配置中,为了设置节点文件以指定主节点和子节点,可以在 hadoop 文件夹中,新建 master 文件和 slaves 文件,分别用于保存主节点和子节点的域名列表。当然,我们也可以直接用 echo 命令将相应文本写入 master 和 slaves 中。在 master 文件写入"master"作为内容,这个文件用于标识主节点;在 slaves 文件写入"slave1"作为第一行内容,表示第一个子节点;在 slaves 文件的末尾追加"slave2"作为第二行内容,表示第二个子节点。

```
[root@master hadoop]# echo master>master
[root@master hadoop]# echo slave1>slaves
[root@master hadoop]# echo slave2>>slaves
```

这样,Hadoop 集群的节点文件就被正确设置,其中 master 文件指定了主节点,slaves 文件列出了所有子节点的名称。

9) 对文件系统进行格式化

在配置完 Hadoop 集群的节点文件之后,下一个关键步骤是对 HDFS 进行格式化。

文件系统格式化是一个初始化过程，它创建了 HDFS 所需的目录结构和元数据存储，确保 HDFS 可以正确地管理和访问存储在集群上的数据。

在开始格式化之前，应当先将之前 master 节点的 Hadoop 配置同步到其他子结点上，用 scp 命令进行远程复制。注意，scp 命令的目标路径必须是已存在的，否则空的文件夹会被直接忽略掉，转而复制到已存在的最内层路径下。同时，也不要忘记对环境变量进行同步和生效。

```
[root@master hadoop]# scp -r /usr/hadoop/ root@slave1:/usr/
...
[root@master hadoop]# scp -r /usr/hadoop/ root@slave2:/usr/
...
[root@master hadoop]# scp -r /etc/profile root@slave1:/etc/
profile
100% 2115     2.1KB/s     00:00
[root@master hadoop]# scp -r /etc/profile root@slave2:/etc/
profile
100% 2115     2.1KB/s     00:00
[root@slave1 ~]# source /etc/profile
[root@slave2 ~]# source /etc/profile
```

执行文件系统格式化通常是通过运行 Hadoop 的 hdfs namenode -format 命令来完成的。这个命令会在 HDFS 的命名节点(NameNode)上执行，清除任何之前的文件系统状态(如果存在的话)，并准备文件系统以接受新的数据。注意，文件系统格式化是一个破坏性的操作，它会删除 HDFS 上所有的数据和元数据。因此，在生产环境中，应该非常谨慎地进行这个操作，并且只在首次部署 HDFS 或确定需要重置 HDFS 状态时才执行。格式化 namenode(仅在 master 中操作)：

```
[root@master hadoop]# hadoop namenode -format
```

如果在回显结果中出现"... has been successfully formatted."，则表示格式化成功。

10) 启动 Hadoop 集群

在 Hadoop 集群配置和文件系统格式化之后，下一步是启动 Hadoop 集群，并验证各节点上的服务是否正常运行。这个启动过程通常从主节点(master)发起，因为 Hadoop 集群的设计允许主节点上的服务(如 ResourceManager 和 NameNode)管理并协调从节点(如 DataNode 和 NodeManager)上的服务。在 master 主机上执行启动命令时，Hadoop 的启动脚本会自动识别并启动配置文件中指定的所有从节点上的服务。这种设计简化了集群的启动和管理过程，使得管理员只需在主节点上执行单一命令，即可启动整个集群。

要启动 Hadoop 集群，你可以使用 Hadoop 自带的启动脚本，如 start-dfs.sh，来启动 HDFS 相关的服务(NameNode 和 DataNode)，以及 start-yarn.sh 来启动 YARN 相关的

服务(ResourceManager 和 NodeManager)。这些脚本通常位于 Hadoop 的 sbin 目录下。根据你的 Hadoop 版本和配置,可能还需要执行其他命令或脚本,或者这些命令可能已经被封装在更高级的集群管理工具中。但是,基本的概念是相似的:在主节点上执行启动命令,以带动从节点的服务启动。

在 Hadoop 集群中,也可以使用 start-all. sh 脚本来启动所有的 Hadoop 守护进程,包括 HDFS 和 YARN 集群的相关服务。这个脚本会简化启动过程,因为它会同时启动 NameNode、DataNode、SecondaryNameNode、ResourceManager 和 NodeManager 等关键服务。然而,需要注意的是,随着 Hadoop 版本的更新,一些命令和脚本可能会有所变化。在较新版本的 Hadoop 中,可能会推荐使用更具体的脚本来分别启动 HDFS 和 YARN 集群,如 start-dfs. sh 和 start-yarn. sh,以提供更清晰的启动流程和管理能力。但即便如此,start-all. sh 脚本在很多 Hadoop 环境中仍然是可用的,并且可以作为快速启动整个集群的便捷方式。

使用 start-all. sh 脚本时,请确保你已经在 Hadoop 的配置文件中正确设置了所有必要的参数,包括节点的地址、端口号、存储路径等。此外,还需要确保所有节点之间的网络连接是正常的,以便它们能够相互通信并协同工作。

```
[root@master hadoop]# start-all. sh
```

完成启动后,在浏览器中输入 Hadoop 集群的 Web 界面地址(默认为 http://hostname:50070),其中 hostname 是 Hadoop 集群的主机名,可以查看 HDFS 状态,如图 4-6 所示。请注意,在 Hadoop 2. x 系列中,管理界面端口号一般为 50070,而在 Hadoop3. x 系列中,端口号一般为 9870。在 Web 界面上,找到"Utilities"或"File Browser"选项,输入要查看的文件路径,然后单击"Go"按钮来查看文件信息。Web 界面提供了文件的元数据(如大小、修改时间等)以及文件的简单预览。

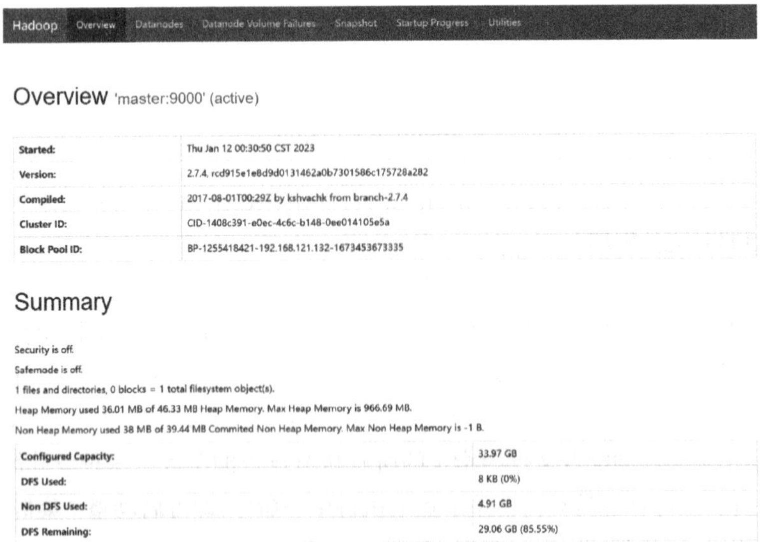

图 4-6 HDFS 管理界面

也可以使用jps命令查看各节点的Java进程是否正常，可以自行对照各节点应有的进程。

```
[root@master hadoop]# jps
2339 QuorumPeerMain
5267 ResourceManager
4932 NameNode
5524 Jps
5116 SecondaryNameNode
[root@slave1 hadoop]# jps
2371 QuorumPeerMain
3444 Jps
3207 DataNode
3311 NodeManager
[root@slave2 hadoop]# jps
3139 NodeManager
2229 QuorumPeerMain
3272 Jps
3035 DataNode
```

最后，请注意在Hadoop集群启动状态下，不要直接关机。在关机前，应当先按正常流程关闭Hadoop集群。否则，会引起NameNode数据不一致，导致再次启动集群时出现异常。如果要关闭Hadoop集群，只需要在master节点上执行stop-all. sh即可。

任务4.2 学会Hadoop集群运维

在Hadoop集群成功搭建并运行后，集群运维成为确保系统稳定、高效运行的关键环节。本任务将重点讨论Hadoop集群中的节点增删操作以及集群性能优化策略，旨在帮助学生掌握Hadoop集群的日常管理和调优技能。

1. 节点增删操作

在Hadoop集群的部署和管理中，节点的增删操作是常见的需求，用于根据业务负载和资源需求动态调整集群规模。

1）节点增加

假设我们需要向现有集群中添加一个新的DataNode节点(slave3)，需要先确保slave3节点的操作系统、网络配置、Java环境等与现有集群节点一致。还需要在slave3上安装Hadoop软件，并与master节点的Hadoop版本保持一致。我们需要将环境准备、安装JDK、部署ZooKeeper和Hadoop这些步骤同步到slave3节点。由于这些步骤已经在上一个任务中详细介绍，因此这里不再重复说明。

需要注意的是，我们需要确保做出如下调整：

(1) 修改$HADOOP_HOME/etc/hadoop/core-site.xml，确保fs.defaultFS指向master节点的NameNode；

(2) 修改$HADOOP_HOME/etc/hadoop/hdfs-site.xml，根据需要调整副本因子等HDFS相关配置；

(3) 配置$HADOOP_HOME/etc/hadoop/slaves文件，将slave3的IP地址或主机名添加到文件中。

(4) 在master节点上将SSH密钥的公钥分发到slave3节点，实现SSH免密登录。

完成上述步骤后，先格式化HDFS(如果slave3是全新节点且需要存储数据)，然后在slave3节点上启动Hadoop DataNode服务，启动指令如下：

```
[root@slave3 /]# $HADOOP_HOME/sbin/hadoop-daemon.sh start datanode
```

启动完成后，验证DataNode是否成功加入集群，可以在master节点的NameNode管理界面查看。

2) 节点删除

从集群中删除一个DataNode节点(例如slave3)，需要谨慎操作以避免数据丢失。以下开始介绍删除节点的步骤。

首先，在要删除的节点(slave3)上停止DataNode服务：

```
[root@slave3 /]# $HADOOP_HOME/sbin/hadoop-daemon.sh stop datanode
```

如果集群中有大量数据且希望将数据重新分布到其他DataNode上，可以使用HDFS的balancer工具，以实现从HDFS中平衡数据。

然后，更新slaves文件。从master节点的$HADOOP_HOME/etc/hadoop/slaves文件中移除slave3的IP地址或主机名。

最后，清理节点。根据需要清理slave2节点上的Hadoop相关数据和配置(谨慎操作，确保不会误删其他重要数据)。

2. 集群优化

在Hadoop集群的部署过程中，集群优化是一个关键要素，它直接关系到集群的性能、稳定性和扩展性。

1) 性能调优

我们一开始部署的集群通常只是理想状态，而很多时候需要结合当下的生产环境，对集群的实际性能进行调优。为了进一步提高集群性能，可以通过调整YARN资源配置、调整MapReduce配置、启用压缩等多种方式来实现。

我们可以修改$HADOOP_HOME/etc/hadoop/yarn-site.xml文件，调整YARN的

资源管理器(ResourceManager)和节点管理器(NodeManager)的资源配置,如内存、CPU核数等。当然,我们也可以修改 $HADOOP_HOME/etc/hadoop/mapred-site. xml 文件,以调整 MapReduce 作业的参数,如 map 和 reduce 任务的内存、并行度等。另外,对于大规模数据集,启用 Hadoop 的压缩功能,可以显著减少网络传输和磁盘 I/O 的开销。

2) 监控与日志

集群状态的监控以及日志可以为工程师提供历史数据支持。Hadoop 集群常见的监控工具有如 Ambari、Ganglia 等,请确保已正确配置并运行,以便实时监控集群状态。

除此以外,我们还应定期检查 Hadoop 日志文件,特别是 NameNode、DataNode、ResourceManager 和 NodeManager 的日志,以便及时发现并解决问题。默认情况下,Hadoop 的日志文件会被存放在其安装目录下的 logs 文件夹中。这个安装目录通常通过环境变量 $HADOOP_HOME 来指定。因此,日志文件的基本路径为 $HADOOP_HOME/logs。在这个目录下,可以找到 Hadoop 守护进程(如 NameNode、DataNode、ResourceManager、NodeManager 等)的日志文件,这些日志文件通常通过 log4j 框架进行记录。为了避免日志文件与 Hadoop 安装目录的耦合,以及方便管理和备份,很多 Hadoop 集群会将日志文件的存放位置修改为其他目录,如/var/log/hadoop。这可以通过修改 Hadoop 配置文件(如 hadoop-env. sh)中的 HADOOP_LOG_DIR 环境变量来实现。

任务 4.3 掌握 HDFS 常用操作

在这个任务中,我们将通过一系列步骤和相应代码来展示如何在 HDFS 上执行一些常用操作。这些操作包括创建目录、上传文件、查看文件内容、下载文件、删除文件/目录以及列出目录内容等。当然,在开始操作前,请先确保已经部署好 Hadoop 集群并成功开启。

1. 创建目录

在 HDFS 中,目录是组织和存储文件的基本结构。与本地文件系统类似,HDFS 也支持用户创建、删除和重命名目录等操作。在本节中,我们将重点介绍如何在 HDFS 上创建目录。

在 HDFS 上创建目录,通常使用 Hadoop 的命令行工具 hdfs dfs。以下是一个基本的命令格式,用于在 HDFS 上创建一个新目录:

```
hdfs dfs -mkdir [-p] <path>
```

其中,-mkdir 是用于创建目录的命令。-p 是可选参数,表示如果父目录不存在,则会自动创建父目录;如果不使用-p 参数,而父目录又不存在,那么命令会失败。<path>是你想要创建的目录的 HDFS 路径。注意,HDFS 的路径是区分大小写的,并且以/开头,表示根目录。

例如，我们在 HDFS 的/user/hadoop 目录下创建一个名为 input 的新目录，用-p 自动创建未存在的父级目录，可以使用以下命令：

```
hdfs dfs -mkdir -p /user/hadoop/input
```

2. 列出目录内容

在 HDFS 中，列出目录内容的操作允许用户查看 HDFS 上某个目录下的所有文件和子目录。这对于管理和操作 HDFS 上的数据至关重要。

HDFS 提供了 hdfs dfs -ls 命令来列出目录内容。该命令的基本语法如下：

```
hdfs dfs -ls <path>
```

其中，<path>是你想要列出内容的 HDFS 目录的路径，如果省略<path>，则默认列出 HDFS 根目录(/)的内容。例如，创建目录后，可以使用 hdfs dfs -ls 命令来列出目录内容，从而验证目录是否存在。要列出 HDFS 上/user/hadoop 目录下的所有文件和子目录，可以使用以下命令：

```
hdfs dfs -ls /user/hadoop
```

如果 input 目录已成功创建，上述命令的输出将包含该目录的列表项。在操作前，应当确保在执行命令时具有相应的权限。另外，由于 HDFS 路径是区分大小写的，因此还要确保路径的拼写正确。当指令输入后，HDFS 上的操作可能会因为网络延迟或集群负载而需要一些时间来完成。能够在 HDFS 上成功创建目录，是进行更复杂的 HDFS 操作和数据处理任务的基础。

3. 上传文件

上传文件，就是将存储在本地计算机、移动设备或其他存储介质上的文件传输到服务器或网络上的过程。在 HDFS 中，上传文件是一个基础且重要的操作，它允许用户将本地文件系统中的数据复制到 HDFS 上，以便进行分布式存储和处理。

HDFS 提供了 hdfs dfs -put 命令来上传文件。该命令的基本语法如下：

```
hdfs dfs -put <localsrc> <dst>
```

其中，<localsrc>是你想要上传到 HDFS 的本地文件系统的文件路径。<dst>是 HDFS 上的目标路径，包括文件名。如果目标路径是一个已存在的目录，那么文件将被上传到该目录下，并保持原名；如果目标路径是一个文件名，那么文件将被上传到 HDFS 的根目录(或其他指定目录)下，并使用该文件名。

先创建/local/data/example. txt 文件，然后将本地文件系统中的/local/data/example. txt 文件上传到 HDFS 的/user/hadoop/input 目录下，可以使用以下命令：

```
hdfs dfs -put /local/data/example.txt /user/hadoop/input/
```

执行该命令后，example.txt 文件将被复制到 HDFS 的/user/hadoop/input/目录下。如果/user/hadoop/input/目录不存在，Hadoop 将自动创建它，但这取决于你的 Hadoop 版本和配置，有些版本可能要求目录必须事先存在。

我们还可以使用通配符（如 *）来匹配多个文件，并将它们一起上传到 HDFS。如果目标文件已经存在于 HDFS 上，并且没有指定-f（或--force）选项，那么命令将失败，以避免覆盖现有文件，我们可以通过添加-f 选项来强制覆盖文件。

现在，要将/local/data/目录下的所有.txt 文件上传到 HDFS 的/user/hadoop/input/目录，可以使用：

```
hdfs dfs -put /local/data/*.txt /user/hadoop/input/
```

文件上传完成后，也可以用 hdfs dfs -ls 查看指定目录，以检查应上传的文件是否已经存在：

```
hdfs dfs -ls /user/hadoop/input/
```

4. 查看文件内容

查看文件内容最常用的命令是 hdfs dfs -cat，其基本用法如下：

```
hdfs dfs -cat <file_path>
```

其中，<file_path>是 HDFS 中文件的完整路径。例如，要查看/local/data/example.txt 文件的内容，可以执行：

```
hdfs dfs -cat /user/hadoop/input/example.txt
```

上述命令会将文件内容输出到控制台。而如果文件很大，可以使用 head 或 tail 命令来查看文件的前几行或后几行。例如，查看文件的前 10 行：

```
hdfs dfs -cat /user/hadoop/input/example.txt|head -n 10
```

类似地，使用 tail 命令可以查看文件的最后几行：

```
hdfs dfs -cat /user/hadoop/input/example.txt|tail-n 10
```

如果需要将文件内容保存到本地文件中，可以使用重定向符号>：

```
hdfs dfs -cat /user/hadoop/input/example.txt>output.txt
```

5. 下载文件

HDFS 提供了高效、可靠的数据存储解决方案，但在某些情况下，用户需要将 HDFS

上的文件下载到本地机器上进行进一步处理或分析。这时，可以使用 hdfs dfs -get 命令来完成文件的下载。基本用法：

```
hdfs dfs -get <hdfs_path> <local_path>
```

其中，<hdfs_path>为 HDFS 上文件的完整路径。<local_path>为本地文件系统中用于存储下载文件的路径。如果<local_path>是一个目录，则 HDFS 上的文件名将被保留；如果<local_path>是一个文件路径，则 HDFS 上的文件将被下载并重命名为该路径指定的文件名。

要将 HDFS 上的/user/hadoop/input/example. txt 文件下载到本地目录/home/user/data 中，可以执行：

```
mkdir -p /home/user/data
hdfs dfs -get /user/hadoop/output/result. txt /home/user/data/
```

默认情况下，下载的文件将保留其原始名称 result. txt，并存储在指定的本地目录中。如果需要下载整个目录及其内容，可以使用-getmerge 命令（注意，这会将目录中的所有文件合并为一个文件下载到本地），或者多次使用-get 命令对每个文件进行操作。然而，需要直接下载整个目录并保持原有结构，可以使用 Hadoop 的 distcp 命令（尽管它主要用于分布式复制，但也可以用于从 HDFS 下载到本地），或者通过编写脚本来递归地处理目录中的每个文件。但是，对于简单的目录下载（不考虑合并文件），通常的做法是编写一个小的 shell 脚本来递归地调用-get 命令。

```
#!/bin/bash

# HDFS上的目录路径
hdfs_dir="/user/hadoop/input"

# 本地目标目录路径
local_dir="/home/user/hdfs_data"

# 检查本地目录是否存在，不存在则创建
mkdir -p "$local_dir"

# 递归地下载 HDFS 目录到本地
hdfs dfs -ls "$hdfs_dir"|while read line; do
    # 提取文件名或子目录名（这里简化了处理，可能需要根据实际输出格式调整）
    filename=$(echo "$line"|awk '{print $8}')
    hdfs_path="$hdfs_dir/$filename"
```

```
    local_path="$local_dir/$filename"

    # 判断是文件还是目录,并据此处理
    if hdfs dfs -test -d "$hdfs_path"; then
        # 如果是目录,递归调用此脚本(注意:这里可能需要更复杂的逻辑来避免无
限递归)
        echo "Skipping directory: $hdfs_path"
    else
        # 如果是文件,下载到本地
        hdfs dfs -get "$hdfs_path" "$local_path"
    fi
done
```

在实际应用中,可能需要处理文件名中的空格、换行符等特殊字符,并且可能需要一个更复杂的逻辑来递归地处理目录。

6. 删除文件/目录

在 HDFS 中,文件和目录的删除操作需要谨慎进行,因为一旦删除,数据可能无法恢复,除非配置了回收站并且未使用-skipTrash 选项。

删除文件时,将<hdfs_path/to/your/file>替换为要删除的文件的 HDFS 路径即可(如果要递归删除,可以加上-r):

```
hdfs dfs -rm <hdfs_path/.../your_file>
```

例如,要删除 HDFS 上位于/user/hadoop/input/example.txt 的文件,可以使用以下命令:

```
hdfs dfs -rm /user/hadoop/input/example.txt
```

而要删除目录时,如果目录为空,可以直接使用 hdfs dfs -rmdir 命令来删除它。

```
hdfs dfs -rmdir <hdfs_path/.../empty_directory>
```

如果目录包含文件或其他目录,需要使用-r(或-R)选项来递归删除。在完成删除后,可以使用 hdfs dfs -ls 命令来列出目录内容,以验证文件或目录是否已被成功删除。

7. 查看 HDFS 状态

在 Hadoop 生态系统中,HDFS 作为其核心存储组件,扮演着至关重要的角色。为了监控和管理 HDFS 的健康状况、容量使用情况以及数据分布等信息,Hadoop 提供了 hdfs dfsadmin 工具,其中-report 选项用于生成并显示 HDFS 的详细报告。

```
hdfs dfsadmin -report
```

执行 hdfs dfsadmin -report 命令后,系统会输出多个部分的信息,主要包括:HDFS 版本与配置信息、安全状态、NameNode 信息、DataNode 信息、正在进行的操作、统计信息(总容量、已用容量、剩余容量、已用百分比、块总数、缺失块、损坏块)。该命令可以帮助开发者监控 HDFS 健康状况、进行容量规划以及性能调优。

任务 4.4 理解分布式计算框架 MapReduce

传统的单机处理模式已经无法满足大规模数据的需求,因此,分布式计算框架应运而生。MapReduce 作为分布式计算领域的先驱和基石,极大地推动了大数据处理技术的发展。MapReduce 是一种编程模型,以及一个处理和生成大数据集(大于 1TB)的相关实现。用户只需要编写一个 Map 函数和一个 Reduce 函数,就可以实现并行计算处理大量数据。

1. MapReduce 工作原理

MapReduce 是 Hadoop 生态系统中的一个核心组件,它提供了一种简单而强大的编程模型来处理大规模数据集。MapReduce 将复杂的并行计算过程抽象为两个主要阶段:映射(Map)和归约(Reduce)。通过这种方式,开发者可以编写出易于理解且高效的分布式程序,这些程序能够自动在 Hadoop 集群上并发执行。不同的 Map 任务之间不会进行通信,不同的 Reduce 任务之间也不会进行通信,在计算任务的实现过程中,所有的数据交换都是通过 MapReduce 框架自身去实现的,其工作原理如图 4-7 所示。

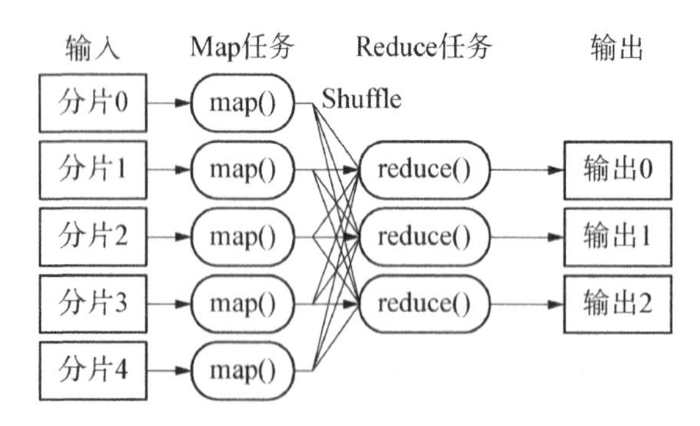

图 4-7 MapReduce 工作原理

其运行流程可以进一步拆解为以下 7 个阶段。

(1) 输入数据准备:将待处理的数据集存储在 HDFS(Hadoop Distributed File System)上。

(2) 作业提交:客户端提交 MapReduce 作业给 ResourceManager(在 YARN 架构

中)。ResourceManager 启动 MRAppMaster,MRAppMaster 负责作业的具体执行。

(3) 任务分配:MRAppMaster 根据作业需求,计算并请求启动相应数量的 MapTask 和 ReduceTask。

(4) Map 阶段:MapTask 读取 HDFS 上的输入数据块,执行用户定义的 map 函数,并生成中间键值对。中间键值对在 MapTask 本地进行排序、合并等操作后,准备发送给 ReduceTask。

(5) Shuffle 阶段:Shuffle 是 MapReduce 框架的核心过程,包括 Map 端的排序、合并、分区,以及 Reduce 端的数据拉取、排序、合并等操作。

(6) Reduce 阶段:ReduceTask 接收并处理来自 MapTask 的中间键值对。对相同 key 的键值对进行归约操作,执行用户定义的 reduce 函数,并输出最终结果。

(7) 输出结果:将 ReduceTask 的输出结果写入 HDFS 或其他存储系统。

2. WordCount 示例

WordCount 是一个经典的 MapReduce 示例,用于统计文本文件中每个单词出现的次数。以下是完整的 Java WordCount 程序,包括 Mapper 类、Reducer 类和 Driver 类。

```
// java
import org.apache.hadoop.conf.Configuration;
import org.apache.hadoop.fs.Path;
import org.apache.hadoop.io.IntWritable;
import org.apache.hadoop.io.Text;
import org.apache.hadoop.mapreduce.Job;
import org.apache.hadoop.mapreduce.Mapper;
import org.apache.hadoop.mapreduce.Reducer;
import org.apache.hadoop.mapreduce.lib.input.FileInputFormat;
import org.apache.hadoop.mapreduce.lib.output.FileOutputFormat;

import java.io.IOException;

public class WordCount {

    public static class TokenizerMapper
    extends Mapper<Object, Text, Text, IntWritable>{

        private final static IntWritable one=new IntWritable(1);
        private Text word=new Text();
```

```
        public void map(Object key, Text value, Context context
                        ) throws IOException, InterruptedException {
            String[] words=value.toString().split("\\s+");
            for (String str: words) {
                word.set(str);
                context.write(word, one);
            }
        }
    }

    public static class IntSumReducer
    extends Reducer<Text, IntWritable, Text, IntWritable> {
        private IntWritable result=new IntWritable();

        public void reduce(Text key, Iterable<IntWritable> values,
                           Context context
                           ) throws IOException, InterruptedException {
            int sum=0;
            for (IntWritable val: values) {
                sum+=val.get();
            }
            result.set(sum);
            context.write(key, result);
        }
    }

    public static void main(String[] args) throws Exception {
        Configuration conf=new Configuration();
        Job job=Job.getInstance(conf, "word count");
        job.setJarByClass(WordCount.class);
        job.setMapperClass(TokenizerMapper.class);
        job.setCombinerClass(IntSumReducer.class);
        job.setReducerClass(IntSumReducer.class);
        job.setOutputKeyClass(Text.class);
        job.setOutputValueClass(IntWritable.class);
        FileInputFormat.addInputPath(job, new Path(args[0]));
```

```
        FileOutputFormat.setOutputPath(job, new Path(args[1]));
        System.exit(job.waitForCompletion(true) ? 0:1);
    }
}
```

练习题

(1) 在 Hadoop 的核心组件中，负责数据存储的是哪个？

(2) 在 HDFS 中，默认的 Block 大小是多少？

(3) 在 HDFS 中，NameNode 的主要职责是什么？DataNode 的主要职责是什么？

(4) MapReduce 的哪个阶段负责处理输入数据并生成中间输出？

(5) MapReduce 的基本工作原理是什么？请简要描述 Map 阶段和 Reduce 阶段的主要任务。

(6) 根据任务 1 的说明，完成完全分布式 Hadoop 集群的部署，并成功进入 Web 管理界面，确认各节点状态是否可用。

(7) 尝试完成高可用 Hadoop 集群的搭建。

(8) 假设有一个本地文件 example.txt，你需要在 HDFS 上创建一个名为/user/hadoop/data 的目录，并将 example.txt 文件上传到该目录下。

(9) 查看一下上一题中所上传的文件内容，再将该文件重新下载到本地目录/local/download。

(10) 删除 HDFS 上/user/hadoop/data/example.txt 文件或/user/hadoop/data 目录(如果为空)。

项目 5

数据采集技术

项目概述

本项目共包括 3 个任务，第 1 个任务采用 Python 相关库对网络数据进行了采集和存储，介绍了网络爬虫的基本操作流程。第 2 个任务使用 Flume 框架进行日志数据的实时采集。第 3 个任务使用 Kafka 对数据流进行采集、处理和传输。通过 3 个任务的综合训练，读者可以循序渐进地掌握数据采集技术。

项目目标

- 掌握网络数据采集
- 掌握 Flume 数据采集
- 掌握 Kafka 数据采集

任务 5.1　掌握网络数据采集

网络数据采集是指利用自动化工具（如爬虫）从互联网上收集和处理所需信息的过程。这些工具能够访问网站、应用程序和其他在线资源，并从中提取数据，以供后续的分析和应用。

1. 网络数据采集知识概述

在互联网时代，数据已成为推动社会进步和企业发展的核心要素之一。互联网数据采集，作为大数据技术的基石，是指从互联网环境中自动获取、处理和存储各类数据的过程。这一过程不仅涵盖了网页内容的抓取，还涉及社交媒体、在线数据库、API 接口等多种数据源。

网络爬虫，作为互联网数据采集的核心工具，通过模拟浏览器行为，自动访问并抓取网页上的数据。其工作流程通常包括确定目标网站、发送 HTTP 请求、接收并解析 HTML 文档、提取所需信息以及数据存储等步骤。为了提高爬虫的效率和稳定性，开发者需要掌握 URL 去重、深度优先或广度优先搜索策略、多线程/异步 IO 等技术。

随着网络服务的普及，越来越多的网站和应用提供了API接口，允许开发者通过调用这些接口来获取数据。相比于网络爬虫，API接口调用具有数据格式规范、请求频率可控、数据质量高等优势。然而，使用API接口也需要遵守一定的服务条款和限制条件，如API密钥管理、请求频率限制等。

为了简化网络爬虫的编写过程，市场上涌现出了许多网页抓取工具，如Scrapy（Python）、BeautifulSoup（Python）、Puppeteer（Node.js）等。这些工具提供了丰富的API和配置选项，支持多种网页解析方式和数据存储方式，使得开发者能够更加高效地完成数据采集任务。当然，许多网站为了保护数据不被恶意采集，设置了反爬虫机制。常见的反爬虫策略包括验证码、IP限制、请求频率限制等。为了应对这些挑战，开发者可以采取以下策略：

（1）使用代理IP池，轮换IP地址以绕过IP限制。

（2）设置合理的请求间隔，避免触发频率限制。

（3）解析验证码，或使用第三方验证码识别服务。

最后需要说明的是，在进行互联网数据采集时，必须遵守相关法律法规和伦理规范，尊重用户隐私和数据权益。开发者应当明确数据采集的目的和范围，遵循Robots协议，对敏感数据进行脱敏处理，避免侵犯用户隐私和权益。

2. 发起请求

在掌握网络数据采集的过程中，发起请求是至关重要的一步。这一步骤涉及使用编程语言（如Python）结合网络请求库（如requests、urllib等）来向目标网站发送HTTP或HTTPS请求。

1）HTTP请求基础

在互联网数据采集的过程中，发起请求是获取数据的第一步，也是整个数据采集流程中的关键环节。这一过程涉及向目标服务器发送HTTP（或HTTPS）请求，以获取网页内容或其他形式的数据。HTTP（Hypertext Transfer Protocol）是互联网上应用最为广泛的一种网络协议，用于从Web服务器传输超文本到本地浏览器的传输协议。在进行互联网数据采集时，我们主要通过HTTP协议向目标服务器发起请求，以获取所需的数据。

HTTP请求由三部分组成：请求行（Request Line）、请求头（Header）和请求体（Body，可选）。其中，请求行包含了请求方法、请求URI和HTTP协议版本；请求头包含了请求的附加信息，如客户端类型、请求参数等；请求体则用于发送POST、PUT等请求时附带数据。

2）常用的HTTP请求方法

在进行互联网数据采集时，常用的HTTP请求方法包括GET、POST、HEAD等：

（1）GET方法：用于请求服务器发送资源。这是最常用的HTTP请求方法，因为它简单且易于实现。在数据采集时，我们常通过GET请求来获取网页内容或API接口数据。

（2）POST方法：用于向指定资源提交数据（例如提交表单或者上传文件）。虽然

POST 请求在数据采集中的使用频率低于 GET 请求，但在某些需要提交参数或上传文件的场景下，POST 请求是不可或缺的。

（3）HEAD 方法：类似于 GET 请求，但服务器在响应时不会返回请求资源的主体部分，仅返回响应头。这可以用于检查资源的存在性、大小或修改时间等信息，而不需要下载整个资源。

3）使用 requests 库提取网页数据

Python 的 requests 库因其简洁易用的 API 成为执行 HTTP 请求的首选工具之一。在互联网数据采集领域，requests 库能够高效地帮助我们向目标网站发起请求，并获取其返回的网页数据。

首先，确保你的 Python 环境中已经安装了 requests 库。如果尚未安装，可以在终端中通过执行 pip install requests 命令来进行安装。当然，如果读者使用的是 Anaconda 集成环境，则会更加方便。因为其自带了 requests 库，另外还自带了 numpy、pandas、matplotlib 等在数据处理中最常用到的一些 Python 库，这些库都不用开发者再花额外时间进行配置。关于 Anaconda 集成开发环境的具体功能介绍可以访问 Anaconda 官网查阅。

在 requests 库中，提供了多种方法（如 GET、POST、PUT 等）来执行 HTTP 请求。其中，get() 方法是最常用的方法之一，用于执行 GET 请求。在 Python 的 requests 库中，requests. get() 函数用于向指定的 URL 发送 GET 请求。这个函数有几个主要的参数，以及一些可选参数。正确的 requests. get() 函数调用的基本语法如下：

```
response=requests.get(url, params=None, **kwargs)
```

其中，url 是必选参数——字符串类型，代表请求的目标 URL。其他参数都是可选参数，常用的可选参数包括：

（1）params：字典或字节序列，作为查询字符串增加到 URL 中。如果是一个字典，那么字典的键和值会被编码成 URL 的一部分，例如，{'key': 'value'} 会导致 URL 类似于 http://httpbin.org/get?key=value。如果是字节序列，则会被直接加到 URL 后面。

（2）headers：字典，自定义请求头。可以用来设置如 User-Agent、Authorization 等 HTTP 头。

（3）cookies：字典或 CookieJar，请求发送时附带的 cookies。

（4）timeout：浮点数或元组，用于设置请求的超时时间，可以是单个浮点数（连接和读取的总超时时间），或是一个（connect，read）元组（分别设置连接和读取的超时时间）。

（5）proxies：字典，用于设置请求的代理服务器。

以下是一个最简单的请求示例，用于下载百度首页的静态网页数据：

```
import requests  # 导入 requests 库

url="https://www.baidu.com/"  # 确定目标网址
response=requests.get(url)  # 向目标 URL 发起 GET 请求，获得响应
print(response.text)  # 打印响应中的网页源码
```

以下是一个更完整的示例，将提取网页源码的代码封装成了函数 fetch_web_data()，还根据请求是否成功进行了分类讨论。其中，响应对象 response 的属性 response.status_code 用于返回请求状态码，状态码为“200”代表请求成功。其他的状态码还有 403(禁止访问)等。

```
# 导入 requests 库
import requests

def fetch_web_data(url):
    """
    使用 requests 库提取指定 URL 的网页数据。

    参数:
    url (str):目标网页的 URL 地址。

    返回:
    str:网页的原始文本内容。
    """
    try:
        # 向目标 URL 发起 GET 请求
        response=requests.get(url)

        # 检查请求是否成功(状态码为 200 表示成功)
        if response.status_code==200:
            # 获取网页的原始文本内容
            return response.text
        else:
            # 如果请求失败,打印状态码和错误信息
            print(f"请求失败,状态码:{response.status_code},错误信息:{response.
reason}")
            return None
    except requests.RequestException as e:
        # 处理请求过程中可能发生的异常
        print(f"请求过程中发生异常:{e}")
        return None

# 示例 URL:GitHub 官网首页
```

```
url='https://github.com'

# 调用函数,提取网页数据
web_data=fetch_web_data(url)

# 如果成功获取到数据,则打印部分网页内容作为示例
if web_data:
    # 这里仅打印前500个字符作为示例
    print(web_data[:500])
```

除了GET请求外,当然也可以使用requests库的post()函数发起POST请求。requests.post()函数在Python的requests库中用于向指定的URL发送POST请求,该函数的参数通常会涉及表单数据,可能还会涉及一些敏感信息,如账号、密码等。

下面是一个使用requests.post()函数的示例,包括了一些常用参数,在这个例子中,data字典会被自动编码为表单数据,并作为请求体发送给服务器:

```
import requests

url='https://httpbin.org/post'
data={'key1': 'value1','key2': 'value2'}

response=requests.post(url,data=data)

print(response.text)    # 打印响应的文本内容
```

requests.post()函数会返回一个Response对象,你可以使用它来访问响应的各种属性和内容。例如,response.text包含响应的文本内容,而response.json()(如果响应内容是JSON)会将其解析为Python字典。

```
# 访问响应的文本内容
print(response.text)

# 如果响应是JSON,则解析它
if response.status_code==200:
    data=response.json()
    print(data)
```

3. 网页解析

网页解析是指对从目标网站获取到的网页内容进行解析，以提取出需要的数据。这一过程通常涉及对 HTML、CSS、JavaScript 等网页技术的理解，以及正则表达式、XPath、CSS 选择器、JSONPath 等解析工具的使用。

1）使用 BeautifulSoup 解析网页

在互联网数据采集过程中，网页解析是一个关键环节，它涉及从 HTML 或 XML 等标记语言文档中提取所需信息。Python 的 BeautifulSoup 库是一个强大的网页解析工具，它利用 Python 标准库中的 html 或 lxml 解析器来解析 HTML 文档，并提供了一种非常便捷的方式来提取数据。

首先，确保你的 Python 环境中已经安装了 BeautifulSoup。如果未安装，可以通过 pip 安装：

```
pip install beautifulsoup4
```

同时，BeautifulSoup 需要解析器来解析 HTML，内置的解析器为 html. parser（无需安装）。而如果要使用的是 lxml 解析器，则还需要安装 lxml：

```
pip install lxml
```

在提取到网页源码之后，我们可以使用 BeautifulSoup 对网页解析，下面给出一些使用 BeautifulSoup 解析网页并提取特定信息的简单示例。

示例 1：从一个网页中提取<title>标签的内容，即网页的标题。

```
from bs4 import BeautifulSoup

# 示例 HTML 内容，实际应用中应替换为网页的 HTML 源码
html_doc="""
<html>
<head>
    <title>我的网页标题</title>
</head>
<body>
    <p class="title"><b>网页内容标题</b></p>
    <p class="story">这是一个段落.</p>
</body>
</html>
"""
```

```
# 创建 BeautifulSoup 对象
soup=BeautifulSoup(html_doc, 'lxml')  # 也可以使用'html.parser'作为解析器

# 提取<title>标签的内容
title_tag=soup.title
print(title_tag.string)  # 输出:我的网页标题

# 另一种方式,使用 find()方法
title_text=soup.find('title').string
print(title_text)  # 输出:我的网页标题
```

示例 2:提取具有特定类名的<p>标签的内容。

```
# 提取 class 为"title"的<p>标签的内容
title_p=soup.find('p', class_='title')  # 注意,class_是 BeautifulSoup 的保留字
print(title_p.string)  # 输出:网页内容标题

# 如果需要提取所有具有特定类名的标签,可以使用 find_all()方法
all_titles=soup.find_all('p', class_='title')
for title in all_titles:
    print(title.string)  # 假设只有一个匹配项,这里只会打印一次
```

在使用 find()或 find_all()方法时,可以通过 tag_name(标签名)、attrs(属性字典)、string(字符串内容)等参数来指定搜索条件。class_是 BeautifulSoup 中用于搜索 class 属性的特殊参数,因为 class 是 Python 的保留字。网页内容可能来自网络请求,你需要先使用如 requests 库来获取网页的 HTML 源码。

示例 3:提取网页所有链接,即从一个网页中提取所有的<a>标签(即链接)的 href 属性。

```
from bs4 import BeautifulSoup
import requests

# 假设这是你想要解析的网页的 URL
url='http://example.com'

# 使用 requests 获取网页内容
response=requests.get(url)
response.raise_for_status()  # 如果请求不成功,则抛出 HTTPError 异常
```

```
html_content=response.text

# 使用 BeautifulSoup 解析网页内容
soup=BeautifulSoup(html_content,'lxml')

# 查找所有的<a>标签,并提取它们的 href 属性
links=[a['href'] for a in soup.find_all('a',href=True)]

# 打印链接
for link in links:
    print(link)
```

示例4:提取表格数据,对于网页中的<table>,我们想要提取表格中的所有数据。

```
from bs4 import BeautifulSoup

# 示例 HTML 内容,包含一个简单的表格
html_doc="""
<table border="1">
    <tr>
        <th>姓名</th>
        <th>年龄</th>
        <th>职业</th>
    </tr>
    <tr>
        <td>张三</td>
        <td>30</td>
        <td>软件工程师</td>
    </tr>
    <tr>
        <td>李四</td>
        <td>25</td>
        <td>数据分析师</td>
    </tr>
</table>
"""
```

```
# 解析 HTML
soup=BeautifulSoup(html_doc, 'lxml')

# 查找表格
table=soup.find('table')

# 遍历表格的行和单元格
rows=table.find_all('tr')
for row in rows:
    cols=row.find_all(['td', 'th'])  # 查找<td>和<th>,它们都是表格的单元格
    cols=[ele.text.strip() for ele in cols]  # 提取文本并去除首尾空白
    print(cols)
```

示例5:提取带有特定类的图片URL,从一个网页中提取所有带有特定类名的<img>标签的src属性(即图片URL)。

```
from bs4 import BeautifulSoup

# 示例 HTML 内容
html_doc="""
<img class="logo" src="logo.png" alt="Logo">
<img class="product" src="product1.jpg" alt="Product 1">
<img class="product" src="product2.jpg" alt="Product 2">
"""

# 解析 HTML
soup=BeautifulSoup(html_doc, 'lxml')

# 查找所有 class 为"product"的<img>标签,并提取它们的 src 属性
product_images=[img['src'] for img in soup.find_all('img', class_='product')]

# 打印图片 URL
for img_url in product_images:
    print(img_url)
```

这些示例展示了BeautifulSoup在处理不同HTML结构时的灵活性和强大功能。读者可以根据具体需求调整选择器(如标签名、类名、ID等)来提取你感兴趣的数据。

2）使用Xpath解析网页

XPath(XML Path Language)是一种在XML和HTML文档中查找信息的语言。它使用路径表达式来选取XML/HTML文档中的节点或节点集。XPath广泛应用于网页数据的抓取和分析中，因为它提供了强大的数据定位能力。XPath表达式可以非常灵活地指定几乎任何数据，大多数现代编程语言都支持XPath，尤其是与XML和HTML处理相关的库。在Python中，我们可以使用lxml库来结合XPath进行网页数据的解析。lxml是一个高效的HTML和XML解析库，它支持XPath表达式。

XPath中有7种类型的节点：元素、属性、文本、命名空间、处理指令、注释以及文档(或称为根)节点。节点间的基本关系包括：

(1) 父节点：每个元素和属性都有一个父节点。

(2) 子节点：元素节点可以有零个、一个或多个子节点。

(3) 同胞节点：拥有相同父节点的节点。

(4) 先辈节点：某节点的父、父的父等。

(5) 后代节点：某个节点的子、子的子等。

XPath使用路径表达式来选取节点或节点集。这些路径表达式类似于文件系统中的路径表达式：

(1) 绝对路径：以正斜杠(/)开始，从根节点开始选取。

(2) 相对路径：不以正斜杠开始，从当前节点开始选取。

在Xpath中，谓语用于查找满足特定条件的节点或包含特定值的节点，谓语被嵌在方括号中。通配符可用来选取未知的XML元素。通过“|”运算符可以选取若干个路径。

XPath含有超过100个内建的函数，这些函数用于字符串值、数值、日期和时间处理，节点和QName处理，序列处理，逻辑值处理等。一些常用函数包括：

(1) text()：获取节点中的文本内容。

(2) starts-with(string1,string2)：如果string1以string2开头，则返回true。

(3) contains(string1,string2)：如果string1包含string2，则返回true。

(4) concat(string1,string2,...)：连接两个或多个字符串。

(5) string-length(string)：返回指定字符串的长度。

XPath具有非常丰富、灵活的用法，表5-1是一些XPath表达式的示例：

表5-1 XPath用法基本示例

用法示例	功能说明
/bookstore/book/title	选取所有title节点
/bookstore/book[1]/title	选取第一个book的title节点
/bookstore/book/price/text()	选取所有price节点中的文本
/bookstore/book[price>35]/price	选取价格高于35的price节点
//*[@lang="eng"]	选取所有包含特定属性的元素

下面是一个用 lxml 和 XPath 解析网页的完整示例。假设我们有一个简单的 HTML 页面，内容如下（保存在 example.html 文件中）：

```
<html>
<head>
    <title>示例页面</title>
</head>
<body>
    <div class="container">
        <h1>欢迎来到我的网站</h1>
        <ul>
            <li><a href="http://example.com/page1">页面 1</a></li>
            <li><a href="http://example.com/page2">页面 2</a></li>
            <li><a href="http://example.com/page3">页面 3</a></li>
        </ul>
    </div>
</body>
</html>
```

我们的目标是提取所有链接的 href 属性：

```
from lxml import etree

# 假设 HTML 内容已经通过某种方式加载到 html_content 变量中
# 这里为了示例，我们直接从文件读取
with open('example.html','r',encoding='utf-8') as file:
    html_content=file.read()

# 使用 lxml 的 HTML 解析器解析 HTML 内容
tree=etree.HTML(html_content)

# 使用 XPath 表达式查找所有<a>标签的 href 属性
links=tree.xpath('//a/@href')

# 打印提取到的链接
for link in links:
    print(link)
```

3) 用正则表达式采集数据

除了使用 BeautifulSoup、Xpath 等工具解析网页，我们还可以直接使用正则表达式来提取网页中的目标数据。正则表达式(Regular Expression，简称 regex 或 regexp)是一种文本模式描述的方法，它使用单个字符串来描述、匹配一系列符合某个句法规则的字符串。正则表达式被广泛应用于文本搜索、文本替换、数据验证、数据提取等领域。

(1) 正则表达式的基本符号及其含义如下：

① .:匹配除换行符以外的任意单个字符。

② ^:匹配输入字符串的开始位置。如果设置了 m(多行)标志，^也匹配换行符后的位置。

③ $:匹配输入字符串的结束位置。如果设置了 m 标志，$ 也匹配换行符之前的位置。

④ *:匹配前面的子表达式零次或多次。

⑤ +:匹配前面的子表达式一次或多次。

⑥ ?:匹配前面的子表达式零次或一次。

⑦ {n}:n 是一个非负整数，匹配确定的 n 次。

⑧ {n,}:n 是一个非负整数，至少匹配 n 次。

⑨ {n,m}:m 和 n 均为非负整数，其中 n<=m。最少匹配 n 次且最多匹配 m 次。

(2) 正则表达式常用的字符类命令有：

① [xyz]:字符集合，匹配所包含的任意一个字符。

② [^xyz]:负值字符集合，匹配未包含的任意字符。

③ [a-z]:字符范围，匹配指定范围内的任意字符。

④ [^a-z]:负值字符范围，匹配任何不在指定范围内的任意字符。

⑤ \d:匹配一个数字字符，等价于[0-9]。

⑥ \D:匹配一个非数字字符，等价于[^0-9]。

⑦ \w:匹配包括下划线的任何单词字符，等价于[A-Za-z0-9_]。

⑧ \W:匹配任何非单词字符，等价于[^A-Za-z0-9_]。

⑨ \s:匹配任何空白字符，包括空格、制表符、换页符等，等价于[\f\n\r\t\v]。

⑩ \S:匹配任何非空白字符，等价于[^\f\n\r\t\v]。

(3) 正则表达式常用的边界匹配器有：

① ^:行的开头。

② $:行的结尾。

③ \b:单词边界。

④ \B:非单词边界。

(4) 正则表达式常用的分组和引用命令有：

① (x):匹配 x 并记住匹配项。

② (?:x):匹配 x 但不记住匹配项。

③ (?=x):正向预查，x 必须在后面存在，但不消耗任何字符。

④ (?! x):负向预查,x 必须在后面不存在,但不消耗任何字符。

⑤ (? <=x):正向回顾后发断言,x 必须在前面存在,但不消耗任何字符。

⑥ (? <! x):负向回顾后发断言,x 必须在前面不存在,但不消耗任何字符。

(5) 贪婪与非贪婪模式。默认情况下,正则表达式使用贪婪匹配模式,即尽可能多地匹配字符。使用"?"可以使贪婪模式变为非贪婪(惰性)模式,即尽可能少地匹配字符。例如,"a+?"将匹配最少的 a(至少一个)。

正则表达式的功能强大、应用灵活,可以嵌入多种语言中。表 5-2 列出了工作中常见的一些正则表达式。

表 5-2 常见正则表达式

用　　法	功能说明
^[1-9]\d*$	匹配正整数
^[1-9]\d*\.\d*|0\.\d*[1-9]\d*$	匹配正浮点数
[\u4e00-\u9fa5]	匹配中文字符
[a-zA-Z]	匹配英文字母
[1-9]{1}(\d+){5}	匹配中国邮政编码
\d+\.\d+\.\d+\.\d+	匹配 IP 地址
^[a-zA-Z0-9._%+-]+@[a-zA-Z0-9.-]+\.[a-zA-Z]{2,}$	匹配电子邮件地址
^(https?:\/\/)?([\da-z\.-]+)\.([a-z\.]{2,6})([\/\w \.-]*)*\/?$	匹配 URL

下面通过一个具体的案例,进一步学习正则表达式在互联网数据采集时的应用方法。例如使用正则表达式库 re 来采集天气预报数据,并且设定每隔 1 秒更新一次。

```
import requests # 下载源码
import re # 正则表达式
import time
import datetime

url='http://d1.weather.com.cn/sk_2d/101020100.html?_=1637286966863'
headers={
    'Accept': '*/*',
    'Accept-Encoding': 'gzip, deflate',
    'Accept-Language': 'zh-CN, zh;q=0.9',
    'Connection': 'keep-alive',
```

```
    'Cookie': 'Hm_lvt_080dabacb001ad3dc8b9b9049b36d43b=1637285823; f_city=%E4%B8%8A%E6%B5%B7%7C101020100%7C; Hm_lpvt_080dabacb001ad3dc8b9b9049b36d43b=1637286809',
    'Host': 'd1.weather.com.cn',
    'Referer': 'http://www.weather.com.cn/weather1d/101020100.shtml',
    'User-Agent': 'Mozilla/5.0 (Windows NT 6.1; Win64; x64) AppleWebKit/537.36 (KHTML, like Gecko) Chrome/85.0.4183.102 Safari/537.36'
    }

while True:
    response=requests.get(url,headers=headers)
    response.encoding='utf-8'
    html=response.text

    pattern=re.compile(r'var dataSK={"nameen":".*?","cityname":"(.*?)","city":".*?","temp":"(.*?)","tempf":".*?","WD":"(.*?)","wde":".*?","WS":"(.*?)","wse":".*?","SD":".*?","sd":".*?","qy":".*?","njd":".*?","time":".*?","rain":".*?","rain24h":".*?","aqi":".*?","aqi_pm25":".*?","weather":"(.*?)","weathere":".*?","weathercode":".*?","limitnumber":".*?","date":"(.*?)"}')
    result=pattern.findall(html)
    result=result[0]

    print(f'''-----天气预报实时抓取-----
    地点:{result[0]}
    温度:{result[1]}
    风向:{result[2]}
    风力:{result[3]}
    天气:{result[4]}
    时间:{result[5]}
    更新时间戳:{time.time()}
    更新时间:{datetime.datetime.now()}
    ''')
    time.sleep(1) # 休眠1秒
```

以上从天气预报网站上获取到的内容为动态页面的数据,我们使用了正则表达式直接进行提取。当然,我们也可以将JS结果解析为Json数据后进行处理。

静态页面的数据由服务器端生成，整个 HTML 文档将直接返回给用户，文档的内容是固定的，不会根据用户的请求或行为而改变。因此静态网页的数据采集相对简单。

而动态网页的内容是在用户访问时或根据用户的交互行为实时生成的。这种网页通常包含 JavaScript 代码，用于在浏览器端动态地添加或修改页面内容。因此，动态网页的数据采集需要处理 JavaScript 的执行结果，这增加了数据采集的复杂性。

4. 数据存储

在网页解析完成后，数据存储是数据收集和处理流程中的重要一环。数据存储的方式多种多样，取决于数据的类型、规模以及后续处理的需求。

1）存储到文本文件

对于小型数据集或简单的数据记录，可以直接将数据存储到文本文件中，如 CSV（逗号分隔值）或 JSON（JavaScript Object Notation）格式。下面的代码展示了存为 CSV 文件的方法：

```
import csv

# 假设这是从网页解析后得到的数据列表，每个元素是一个包含多个字段的列表
data=[
    ["ID","Name","Age"],
    [1,"Alice",30],
    [2,"Bob",25],
    [3,"Charlie",35]
]

# 写入 CSV 文件
with open('data.csv','w',newline='',encoding='utf-8') as file:
    writer=csv.writer(file)
    writer.writerows(data)

print("数据已成功写入 CSV 文件。")
```

下面的代码展示了存储到 JSON 文件的方法：

```
import json

# 假设这是从网页解析后得到的字典列表
data=[
```

```
    {"id": 1, "name": "Alice", "age": 30},
    {"id": 2, "name": "Bob", "age": 25},
    {"id": 3, "name": "Charlie", "age": 35}
]

# 写入 JSON 文件
with open('data.json', 'w', encoding='utf-8') as file:
    json.dump(data, file, ensure_ascii=False, indent=4)

print("数据已成功写入 JSON 文件。")
```

2）存储到数据库

对于大型数据集或需要高效查询的数据，建议使用数据库进行存储。常见的数据库有 SQLite、MySQL、PostgreSQL 等。下面给出一个使用 Python 的 mysql-connector-python 库将数据存储到 MySQL 数据库的示例。

在开始操作之前，需要确保已经安装了 MySQL 数据库，并且创建了一个数据库（比如叫 testdb）以及一个表（比如叫 people），同时 MySQL 服务正在运行：

```
CREATE DATABASE testdb;
CREATE TABLE people (
    id INT AUTO_INCREMENT PRIMARY KEY,
    name VARCHAR(255) NOT NULL,
    age INT NOT NULL
);
```

然后，需要安装 mysql-connector-python 库（如果还没有安装的话）：

```
pip install mysql-connector-python
```

接着，使用以下 Python 脚本来连接 MySQL 数据库，并插入数据（需要更新为真实的数据库连接配置）：

```
import mysql.connector

# 数据库连接配置
config={
    'user': 'your_username',    # 你的 MySQL 用户名
    'password': 'your_password',    # 你的 MySQL 密码
```

```
    'host': '127.0.0.1',    # 数据库服务器地址,这里假设是本地
    'database': 'testdb',   # 要连接的数据库名
    'raise_on_warnings': True,
}

# 连接到 MySQL 数据库
cnx=mysql.connector.connect(**config)
cursor=cnx.cursor()

# 假设这是从网页解析后得到的数据
data=[
    (1,'Alice',30),
    (2,'Bob',25),
    (3,'Charlie',35)
]

# 插入数据到 people 表(确保表已经存在,并且列名与这里的一致)
insert_query=("INSERT INTO people (id, name, age) "
                "VALUES (%s, %s, %s)")

# 使用 executemany 来批量插入数据
cursor.executemany(insert_query, data)

# 提交事务
cnx.commit()

# 打印受影响的行数(可选)
print(cursor.rowcount,"记录插入成功。")

# 关闭游标和连接
cursor.close()
cnx.close()

print("数据已成功写入 MySQL 数据库。")
```

任务 5.2 掌握 Flume 数据采集

随着数据量的爆炸性增长，企业和组织需要从各种来源高效地采集、聚合和传输海量数据。Apache Flume 作为一款分布式、高可靠、高可用的海量日志采集、聚合和传输系统，在大数据领域扮演着重要的角色。

1. Flume 知识概述

在大数据时代，实时数据采集、聚合和传输成为一项至关重要的任务。Flume 正是在这一背景下应运而生，为大数据处理提供了强大的支持。Flume 是一个用于实时数据采集、聚合和传输的分布式系统，它能够将数据从各种数据源（如日志文件、网络数据等）高效地收集并传输到指定的目的地（如 HDFS、HBase、Kafka 等）。它是一个可扩展的系统，能够处理大量的数据流。

Flume 的基础架构由四个主要部分组成：Agent、Source、Channel 和 Sink。

（1）Agent：Agent 是 Flume 的核心组件，它是一个 JVM 进程，负责将数据从源头送至目的地。每个 Agent 都有一个唯一的名称，且包含一个或多个 Source、Channel 和 Sink 组件。

（2）Source：Source 是负责接收数据到 Flume Agent 的组件。它可以处理各种类型、各种格式的日志数据，包括 avro、thrift、exec、jms、spooling directory、netcat、sequence generator、syslog、http 等。

（3）Channel：Channel 是位于 Source 和 Sink 之间的缓冲区，用于存储从 Source 接收到的数据，直到这些数据被 Sink 组件消费掉。Flume 支持多种类型的 Channel，如 Memory Channel（内存通道）和 File Channel（文件通道）等。Memory Channel 适用于不需要关心数据丢失的场景，而 File Channel 则能在程序关闭或机器宕机的情况下保证数据不丢失。

（4）Sink：Sink 是 Flume 中的输出组件，负责将 Channel 中的数据发送到指定的目的地。Sink 的目的地可以是 HDFS、HBase、Kafka 等其他存储系统或消息队列。Sink 是完全事务性的，在从 Channel 批量删除数据之前，每个 Sink 都会用 Channel 启动一个事务，以确保数据的完整性和一致性。

总结而言，Flume 使用简单的数据流模型，即数据从源（Source）流向通道（Channel），再由通道流向汇（Sink）。Flume 的架构主要由三个核心组件构成。

（1）Source：负责接收数据，并将数据发送到 Channel。

（2）Channel：在 Source 和 Sink 之间起缓冲作用，允许数据暂存。

（3）Sink：从 Channel 中读取数据，并将其发送到目的地，如 HDFS、HBase、Solr 等。

Flume 的主要功能包括数据采集、数据聚合、数据传输。Flume 能够实时地从各种数据源采集数据，包括日志文件、网络数据等。在传输过程中，Flume 可以对采集到的数据进行聚合处理，以提高数据传输的效率。Flume 支持将数据高效地传输到指定的目的地，如HDFS、HBase、Kafka等存储系统或消息队列。Flume广泛应用于各种大数据处理场景，如日志分析、实时监控、数据迁移等。通过Flume，企业可以轻松地实现数据的实时采集、聚合和传输，为后续的数据分析和处理提供有力的支持。

2. 配置Flume

Flume的配置通常通过编写配置文件来完成，配置文件采用简单的文本格式，描述了Flume Agent（即一个独立的Flume进程）的Source、Channel和Sink组件以及它们之间的连接关系。

以下是一个简单的Flume配置文件示例，该配置定义了一个agent，它从一个名为exec的Source接收数据（假设是通过执行命令产生的数据），将数据存储到内存Channel中，并最终将数据发送到控制台Sink进行输出。（文件名：flume-conf. properties）

```
# 定义agent的组件名称
agent.sources=r1
agent.channels=c1
agent.sinks=k1

# 配置source
agent.sources.r1.type=exec
agent.sources.r1.command=tail -F /path/to/logfile.log
agent.sources.r1.channels=c1

# 配置channel
agent.channels.c1.type=memory
agent.channels.c1.capacity=1000
agent.channels.c1.transactionCapacity=100

# 配置sink
agent.sinks.k1.type=logger
agent.sinks.k1.channel=c1

# 绑定source和sink到channel
```

由于Flume配置文件的语法较为严格，上面的配置示例中省略了某些可选属性（如sink的日志级别等），并且/path/to/logfile.log需要替换为实际日志文件的路径。

3. 启动Flume Agent

配置好Flume配置文件后，可以使用Flume自带的命令行工具来启动Flume Agent。

在命令行中执行以下命令(假设配置文件位于当前目录下):

```
flume-ng agent --conf . --conf-file flume-conf.properties --name agent
```

这里的--conf.指定了 Flume 的配置文件目录(当前目录),--conf-file flume-conf.properties 指定了具体的配置文件,--name agent 指定了 agent 的名称,该名称需要与配置文件中的 agent 名称一致。在生产环境中,建议使用更可靠的 Channel 类型,如 file 或 hdfs,以避免数据丢失。

任务 5.3 掌握 Kafka 数据采集

在大数据和实时处理领域,Kafka 作为一个分布式流处理平台,扮演着至关重要的角色。掌握 Kafka 数据采集,对于构建高效、可靠的数据处理系统具有重要意义。

1. Kafka 知识概述

Kafka 最初由 LinkedIn 公司开发,是一个使用 Scala 和 Java 编写的开源项目,现已成为 Apache 的顶级项目之一。它是一个分布式消息系统,专为高吞吐量的实时数据处理而设计。Kafka 通过其独特的发布/订阅模式,允许生产者(Producer)向特定的主题(Topic)发送消息,而消费者(Consumer)则可以从这些主题中订阅并消费消息。

1) Kafka 的功能和架构

Apache Kafka 是一个分布式流处理平台,由 LinkedIn 开发,后来贡献给了 Apache 软件基金会。Kafka 设计用于处理高吞吐量的数据流,能够处理成千上万的并发数据流,具有高扩展性、容错性和高吞吐量等特点。在大数据系统中,Kafka 常被用作消息中间件,支持数据的实时采集、处理和传输。

Kafka 的架构由多个组件构成,主要包括生产者(Producer)、代理服务器(Broker)、主题(Topic)、分区(Partition)和消费者(Consumer)。

(1) Producer:数据生产者,负责向 Kafka 发送数据。

(2) Broker:Kafka 服务器,负责存储数据并处理客户端的请求。

(3) Topic:数据的分类,生产者发送消息到特定的 Topic,消费者从 Topic 中订阅并消费消息。

(4) Partition:Topic 的物理分区,每个 Partition 是一个有序的、不可变的消息序列,Kafka 通过 Partition 实现数据的并行处理。

(5) Consumer:数据消费者,从 Kafka 订阅并消费数据。

2) Kafka 中的“消费消息”

在 Kafka(以及其他消息队列和流处理平台中),“消费消息”指的是消费者(Consumer)程序从 Kafka 主题(Topic)中读取并处理这些消息的过程。这里的“消费”是相对于“生产”(Producer 生成并发送消息)而言的。具体来说,当生产者将消息发送到

Kafka的一个或多个主题时，这些消息会被存储在Kafka的broker(代理服务器)上，并按照一定的策略(如分区和复制)进行组织和管理。消费者程序通过订阅这些主题，并从broker中拉取(pull)消息进行读取和处理。消费消息的过程通常包括以下几个步骤。

(1) 订阅主题：消费者首先需要订阅它感兴趣的主题。在Kafka中，消费者通常是通过指定一个或多个主题名称来完成订阅的。

(2) 拉取消息：一旦订阅了主题，消费者就可以开始从broker中拉取消息了。消费者会定期向broker发送请求，请求一定数量的消息(这个数量可以配置)。

(3) 处理消息：消费者拉取到消息后，会根据自己的业务逻辑对这些消息进行处理。处理的具体方式取决于消费者的应用程序和业务需求。

(4) 提交偏移量：在处理完消息后，消费者需要向broker提交偏移量(offset)，以告知broker它已经消费到了哪个位置的消息。这样，即使消费者发生故障或重启，它也可以从上次提交的偏移量处继续消费消息，而不是从头开始。

(5) 循环消费：为了持续消费消息，消费者通常会在一个循环中不断地拉取、处理并提交消息。这个循环会一直进行下去，直到消费者明确停止或发生其他中断。

消费消息是Kafka(以及其他消息队列系统)中一个非常核心的功能，它使得数据可以在生产者和消费者之间高效地传递和处理。在大数据和实时处理场景中，消费消息的能力尤为重要，因为它允许应用程序实时地响应和处理数据流。

3) Kafka的应用场景

Kafka因其高吞吐量和低延迟的特性，非常适合用于大数据采集场景，如日志收集、监控数据收集、实时数据流处理等。通过Kafka，可以实时地将来自不同数据源的数据收集起来，并传输到后续的处理系统中。

2. 部署Kafka

Kafka的部署依赖于Java和ZooKeeper环境，安装和部署Kafka的步骤如下。

1) 安装Java和ZooKeeper环境

Kafka是用Java编写的，因此需要在系统上安装Java，确保安装的Java版本与Kafka版本兼容。在前面的项目中，我们已经完成了Java环境的安装。

Kafka依赖于ZooKeeper来存储元数据和集群状态。因此，还需要先下载并安装ZooKeeper。在前面的项目中，我们也已经完成了对ZooKeeper环境的安装。

2) 安装Kafka

访问Apache Kafka官方网站(https://kafka.apache.org/downloads)下载适用于当前操作系统的Kafka安装包，选择二进制分发版(Binary Distribution)进行下载。将下载的Kafka安装包解压到本地目录，例如/usr/local/kafka。

进入Kafka的config目录，编辑server.properties文件。

```
tar -xzvf kafka_2.13-x.x.x.tgz -C /usr/local/
cd /usr/local/
mv kafka_2.13-x.x.x/ kafka
```

进入 Kafka 的 config 目录，编辑 server. properties 文件：

```
cd /usr/local/kafka/config
vim server.properties
```

修改或添加以下配置项（这里只列出一些关键配置项，其他配置项可以根据需要调整），如表 5－3 所示。

表 5－3　Zookeeper 部分配置项说明

配置项	描述	示例值
broker. id	Kafka 集群中每个 broker 的唯一标识符，非负整数	0（每台机器上的 broker. id 需要不同）
listeners	指定 broker 监听的地址和端口	PLAINTEXT://:9092
advertised. listeners	在集群中广播给生产者和消费者的地址和端口，用于外部连接	PLAINTEXT://your. host. name: 9092（your. host. name 需要替换为 Kafka 服务器的实际主机名或 IP 地址）
log. dirs	Kafka 数据日志的存储目录	/usr/local/kafka/logs
zookeeper. connect	ZooKeeper 集群的连接字符串，格式为 hostname1:port1，hostname2:port2，...	localhost:2181（如果 ZooKeeper 不在同一台机器上，需要改为实际的 ZooKeeper 地址）
num. partitions	默认创建的分区数（可以在创建 Topic 时覆盖）	1
default. replication. factor	默认副本因子（可以在创建 Topic 时覆盖）	1（建议至少设置为 2 以提高可用性）

配置项设置完成后，在 Kafka 的 bin 目录下，使用启动脚本来启动 Kafka 服务：

```
cd /usr/local/kafka/bin
./kafka-server-start.sh ../config/server.properties &
```

注意：在命令末尾添加 & 符号是为了将 Kafka 服务置于后台运行。

3）验证 Kafka 安装

创建一个 Topic 来验证 Kafka 是否安装成功：

```
./kafka-topics.sh --create --topic test --partitions 1 --replication-factor 1 --bootstrap-server localhost:9092
```

列出所有 Topic 以确认新创建的 Topic：

```
./kafka-topics.sh --list --bootstrap-server localhost:9092
```

使用生产者发送消息到 Topic：

```
./kafka-console-producer.sh --topic test --bootstrap-server localhost:9092
```

上述指令执行成功后，在控制台输入消息后按回车发送。

最后，使用消费者从 Topic 接收消息：

```
./kafka-console-consumer.sh --topic test --from-beginning --bootstrap-server
localhost:9092
```

如果以上步骤都能成功执行，那么 Kafka 就已经成功搭建并可以开始使用了。需要注意的是，以上步骤和配置是基于 Kafka 2.x 版本的，如果您使用的是其他版本的 Kafka，请参照相应版本的官方文档进行调整。

在配置过程中，由于 Kafka 支持多种安全机制，如 SSL/TLS 加密、SASL 认证等，我们还可以根据需要配置以提高安全性。此外，Kafka 提供了丰富的监控指标和日志记录功能，可以帮助监控集群状态和诊断问题。根据业务需求和集群规模，也可以调整 Kafka 的配置以优化性能，如调整缓冲区大小、增加线程数等。

3. 生产者和消费者示例

以下是一个简单的 Kafka 生产者(Producer)和消费者(Consumer)的示例代码，使用 Java 编写。

Kafka 生产者示例：

```
import org.apache.kafka.clients.producer.KafkaProducer;
import org.apache.kafka.clients.producer.ProducerRecord;
import org.apache.kafka.clients.producer.ProducerConfig;
import org.apache.kafka.clients.producer.RecordMetadata;

import java.util.Properties;

public class SimpleProducer {
    public static void main(String[] args) {
        Properties props=new Properties();
        props.put(ProducerConfig.BOOTSTRAP_SERVERS_CONFIG, "localhost:
9092");
        props.put(ProducerConfig.KEY_SERIALIZER_CLASS_CONFIG, "org.
apache.kafka.common.serialization.StringSerializer");
        props.put(ProducerConfig.VALUE_SERIALIZER_CLASS_CONFIG, "org.
apache.kafka.common.serialization.StringSerializer");
```

```
        try (KafkaProducer<String, String> producer=new KafkaProducer<>
(props)) {
            for (int i=0;i<100;i++) {
                ProducerRecord<String, String> record=new ProducerRecord<>
("test-topic", Integer.toString(i), "message-"+i);
                RecordMetadata metadata=producer.send(record).get();
                System.out.println("The offset of the record we just sent is:"+
metadata.offset());
            }
        }
    }
}
```

Kafka 消费者示例：

```
import org.apache.kafka.clients.consumer.KafkaConsumer;
import org.apache.kafka.clients.consumer.ConsumerRecords;
import org.apache.kafka.clients.consumer.ConsumerRecord;
import org.apache.kafka.clients.consumer.ConsumerConfig;

import java.time.Duration;
import java.util.Collections;
import java.util.Properties;

public class SimpleConsumer {
    public static void main(String[] args) {
        Properties props=new Properties();
        props.put(ConsumerConfig.BOOTSTRAP_SERVERS_CONFIG,
"localhost:9092");
        props.put(ConsumerConfig.GROUP_ID_CONFIG, "test-group");
        props.put(ConsumerConfig.KEY_DESERIALIZER_CLASS_CONFIG,
"org.apache.kafka.common.serialization.StringDeserializer");
        props.put(ConsumerConfig.VALUE_DESERIALIZER_CLASS_CONFIG,
"org.apache.kafka.common.serialization.StringDeserializer");
        props.put(ConsumerConfig.AUTO_OFFSET_RESET_CONFIG,
"earliest");
```

```
        try (KafkaConsumer<String, String> consumer = new KafkaConsumer<>
(props)) {
            consumer.subscribe(Collections.singletonList("test-topic"));

            while (true) {
                ConsumerRecords<String, String> records = consumer.poll
(Duration.ofMillis(100));
                    for (ConsumerRecord<String, String> record: records) {
                        System.out.printf("Received message (%d, %s) at offset %d
\n", record.key(), record.value(), record.offset());
                    }
            }
        }
    }
}
```

注意事项：

(1) 确保 Kafka 服务已经正常启动完毕，并且生产者和消费者配置中的 BOOTSTRAP_SERVERS_CONFIG 指向了正确的 Kafka 服务器地址。

(2) 在发送消息之前，需要确保 Kafka 中已经创建了相应的 Topic，或者 Kafka 配置了自动创建 Topic。

(3) 示例代码中没有包含详细的异常处理逻辑，实际开发中应添加适当的异常处理来确保程序的健壮性。

(4) Kafka 的性能调优涉及多个方面，如生产者的批量发送、消费者的多线程处理等。

练习题

(1) 网络爬虫的基本工作原理是什么？请简要说明。

(2) 列举几种常见的网页解析技术。

(3) 在进行网络数据采集时，如何避免被目标网站封禁？

(4) 请选取一个论坛，对该论坛上的关键信息(如帖子标题、发帖人、浏览量、评论数、最后发表时间等)进行批量提取。

(5) 配置 Flume 时，如何实现将某个端口的日志数据实时采集并存储到 HDFS 中？请给出一个示例，用于实现该功能。

(6) Kafka 的核心组件有哪些？

(7) Kafka 如何实现数据的高可靠性和高吞吐量？

项目 6

数据预处理技术

项目概述

本项目共包括 5 个任务，第 1 个任务为读者介绍了数据预处理技术的整体知识框架。后面 4 个任务分别为读者展示了数据清洗、数据转换、数据集成、数据规约的相关技术，通过这些实际案例读者可以掌握最基本的数据处理技巧。

项目目标

- 理解数据预处理技术
- 掌握数据清洗技术
- 掌握数据转换技术
- 掌握数据集成技术
- 掌握数据规约技术

任务 6.1　理解数据预处理技术

在当今的大数据时代，数据是企业和组织最重要的资产之一。然而，直接从各种数据源收集到的原始数据往往存在着各种问题，如数据质量低劣、格式不一致、存在缺失值或异常值等。这些问题会直接影响数据分析的准确性和效率，甚至可能导致错误的决策。因此，数据预处理作为数据分析和挖掘的前置步骤，具有至关重要的作用。

1. 数据预处理的重要意义

在大数据技术的广泛应用中，数据预处理作为数据分析与挖掘的先决条件，扮演着至关重要的角色。它不仅是确保数据质量、提高分析准确性的关键环节，也是大数据项目成功实施的重要基石。本小节将介绍数据预处理的基本概念、重要性、主要步骤及其在实际应用中的灵活性与挑战性。

数据预处理，简而言之，是指在进行数据分析、挖掘或建模之前，对原始数据进行的一系列清洗、转换、集成和规约等操作。这些操作旨在改善数据质量，提高数据的一致性和可用性，从而为后续的数据处理工作奠定坚实的基础。

数据预处理的重要价值在于提升数据质量、降低分析难度、提高分析效率、保障模型性能。通过数据清洗，可以纠正错误、填补缺失值、处理异常数据等，显著提升数据的准确性和完整性。数据转换和规约将复杂的数据转化为易于处理和分析的形式，降低了后续分析工作的难度和复杂度；集成来自不同数据源的数据，消除冗余和冲突，有助于实现数据的快速整合和高效利用。高质量的数据预处理是构建高性能机器学习模型的必要条件，直接影响模型的准确性和泛化能力。

2. 数据预处理的关键环节

虽然数据预处理的各步骤之间并没有严格的先后顺序，但通常可以概括为以下几个方面。

(1) 数据清洗：识别并纠正数据中的错误、缺失值、异常值等问题。这包括使用统计方法填补缺失值、删除或修正错误数据、平滑噪声数据等，如图 6-1 所示。

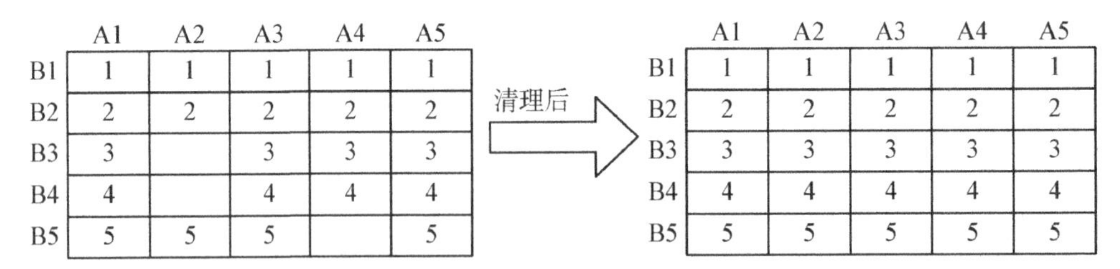

	A1	A2	A3	A4	A5
B1	1	1	1	1	1
B2	2	2	2	2	2
B3	3		3	3	3
B4	4		4	4	4
B5	5	5	5		5

	A1	A2	A3	A4	A5
B1	1	1	1	1	1
B2	2	2	2	2	2
B3	3	3	3	3	3
B4	4	4	4	4	4
B5	5	5	5	5	5

图 6-1　数据清洗示意图

(2) 数据转换：对数据进行格式化、标准化或归一化等操作，以适应不同的分析需求。这包括数据类型转换、尺度调整、编码转换等，以提高数据的可处理性和可比性，如图 6-2 所示。

	A1	A2	A3	A4	A5
B1	1	1	1	1	1
B2	2	2	2	2	2
B3	3	3	3	3	3
B4	4	4	4	4	4
B5	5	5	5	5	5

变换后

	A1	A2	A3	A4	A5
B1	0.1	0.1	0.1	0.1	0.1
B2	0.2	0.2	0.2	0.2	0.2
B3	0.3	0.3	0.3	0.3	0.3
B4	0.4	0.4	0.4	0.4	0.4
B5	0.5	0.5	0.5	0.5	0.5

图 6-2　数据变换示意图

(3) 数据集成：将来自不同数据源的数据合并为一个统一的数据集。在此过程中，需要解决数据格式不一致、数据冗余、数据冲突等问题，确保数据的连贯性和一致性，如图 6-3 所示。

(4) 数据规约：通过减少数据规模来加速处理过程，同时尽量保持数据的关键信息。

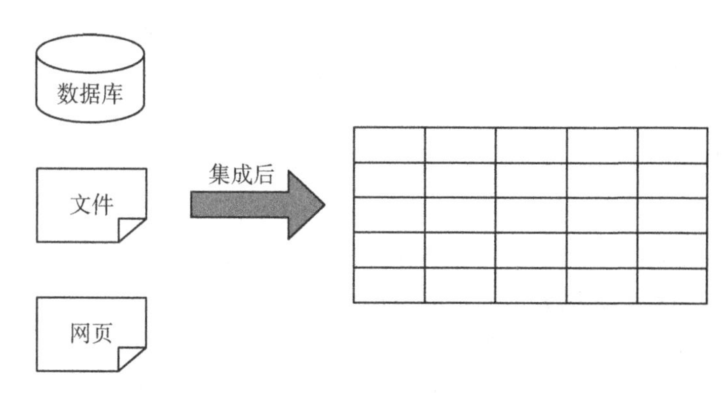

图 6-3　数据集成示意图

数据规约包括降维技术(如 PCA)、抽样技术、数据聚合等方法,有助于在保持数据有效性的前提下,降低处理成本和提高分析效率,如图 6-4 所示。

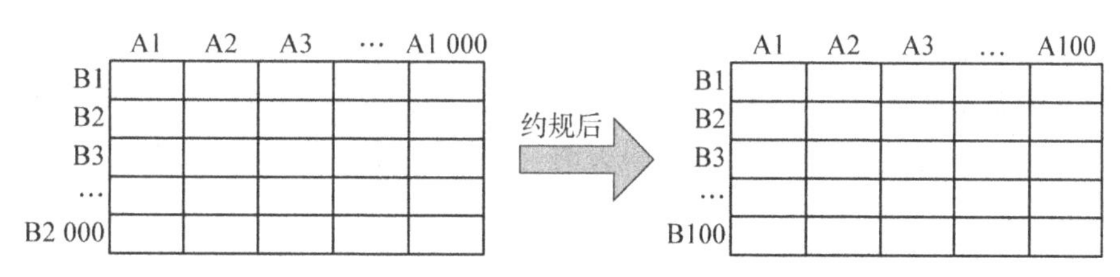

图 6-4　数据规约示意图

在数据预处理的复杂过程中,数据清理、数据集成、数据变换、数据规约共同构成了确保数据质量与分析效能的基石。值得注意的是,这些步骤并不遵循固定不变的先后顺序,而是可以根据具体业务场景的需求进行灵活调整。

在实际应用中,数据预处理面临着诸多挑战,如数据量大、数据类型复杂、数据质量参差不齐等。因此,数据科学家和工程师只有具备扎实的数据处理能力和对业务场景的深刻理解,才能有效地应对这些挑战,实现高质量的数据预处理工作。

任务 6.2　掌握数据清洗技术

数据清洗直接关系到后续数据分析的准确性和可靠性。在当今大数据时代,数据量庞大且复杂,数据清洗成为一项不可或缺的任务。

1. 数据清洗知识概述

数据清洗是数据治理过程中非常重要的一环,它指的是对数据进行清理、筛选、去重、格式化等操作,以确保数据质量和数据准确性。这一过程不仅关注数据表面的错误和异常,还深入数据内部,检查数据的一致性、完整性和准确性。数据清洗的重要性不言而喻,它直接影响到数据分析结果的准确性和可靠性，是确保大数据项目成功的关键因素之一。数据清洗主要包括缺失值处理、重复值处理、异常值处理等方面。

2. 缺失值处理

在数据清洗中，缺失值处理是一个常见且重要的环节。由于各种原因，如数据收集过程中的遗漏、设备故障、人为错误等，数据集中往往存在缺失值。如果不对这些缺失值进行妥善处理，将严重影响数据分析的质量和效果。

1）缺失值处理的常用方法分类

缺失值处理的目的是提高数据的质量和准确性，以便更好地进行后续的数据分析和建模。以下是缺失值处理的几种常见方法。

（1）删除法是指删除含有缺失值的特征或样本。

① 简单删除法：直接删除含有缺失值的特征或样本。这种方法简单直接，但可能会导致大量有效信息的丢失，尤其是当缺失值数量较多时。

② 加权删除法：对于非完全随机缺失的数据，可以通过对完整的数据加权来减小偏差。这种方法需要计算每个完整数据样本的权重，权重通常可以通过 logistic 或 probit 回归等方法求得。然而，当存在多个属性缺失时，权重法的计算难度会大大增加，且可能降低预测的准确性。

（2）插补法具体包括均值插补、众数插补、同类均值插补、建模预测以及多重插补。

① 均值插补：如果样本属性的距离是可度量的，则使用该属性有效值的平均值来插补缺失的值。这种方法简单易行，但可能会引入新的偏差。

② 众数插补：对于分类型数据，可以使用类别总数最多的值来插补缺失值。这种方法在保持数据分布方面有一定优势，但同样可能引入偏差。

③ 同类均值插补：首先将样本进行分类，然后以该类中样本的均值来插补缺失值。这种方法考虑了样本间的相似性，但分类的准确性和合理性对插补结果有重要影响。

④ 建模预测：基于已有的其他字段，将缺失字段作为目标变量进行预测，从而得到最为可能的补全值。这种方法需要建立合适的预测模型，并考虑模型的复杂度和预测精度之间的平衡。

⑤ 多重插补：若认为待插补的值是随机的，可先为其产生多组可能的插补值，然后根据某种选择依据（如评分函数）选取最合适的插补值。这种方法可以充分考虑数据的不确定性，并减少单一插补方法可能带来的偏差。

（3）特殊值填充。

① 经验值填充：对于少量且具有重要意义的数据记录，可以采用专家补足的方式。专家可以根据自己的经验和知识来判断并填充缺失值。

② 特殊值标识：可以使用特殊值（如－999、－1 等）来标识缺失值，但采用这种方法处理后，在数据分析时需要注意对这些特殊值进行处理。

在选择缺失值处理方法时，需要根据数据的实际情况和分析需求来确定。不同的方法有不同的优缺点和适用范围。对于主观数据（如问卷调查结果），由于人的主观性可能导致数据的真实性受到影响，因此一般不推荐采用插补方法。而对于客观数据（如实验测量结果），插补方法则相对可靠。在处理缺失值时，还需要注意保持数据的完整性和一致性，避免因为处理不当而引入新的偏差或错误。

2）识别和处理缺失值

首先，我们需要提前准备好实验数据，使用 Python 的 pandas 库，生成 pandas. DataFrame 对象，包含有 ID、年龄、工资、部门、性别 5 个字段。其中，np. nan 表示缺失值。注意，我们需要导入 numpy 和 pandas 库。numpy 是科学计算库，具有易于进行科学计算的数据类型和函数。pandas 是功能强大的数据分析包，非常适合处理结构化数据。如果没有安装过这两个库，则可以分别使用 pip install numpy 和 pip install pandas 来分别安装。接下来，我们将展示几种处理缺失值的方法。以下是我们的实验数据：

```
import pandas as pd
import numpy as np

# 示例数据，包含缺失值（用 NaN 表示）
data={
    'id': [1,2,3,4,5],
    'age': [25,30,np.nan,40,28],    # 有一个缺失值
    'salary': [50000,60000,75000,np.nan,62000],    # 有一个缺失值
    'department': ['HR','IT','Finance',np.nan,'IT'],    # 有一个缺失值
    'gender': ['Female','Male','Female','Male',np.nan]  # 有一个缺失值
}

# 创建 DataFrame
df=pd.DataFrame(data)

print("原始数据:")
print(df)
```

示例 1：查看缺失值。

```
# 打印缺失值情况
print(df..isnull())

# 使用 info 查看各个字段的属性
print(df.info())
```

使用 df. info()可以查看到指定 DataFrame 对象的详细信息，包括列名、非空值数量、数据类型等。这是一种快速认识数据整体面貌的常用方法。

示例 2:删除包含缺失值的行。

```
# 删除包含缺失值的行
df_dropped=df.dropna()

print("\n 删除缺失值后的数据:")
print(df_dropped)
```

示例 3:使用固定值填充缺失值。

```
# 使用固定值填充缺失值
df_filled_with_fixed_value = df.fillna({'age': 35, 'salary': 50000, 'department':
'Unknown','gender': 'Unknown'})

print("\n 使用固定值填充后的数据:")
print(df_filled_with_fixed_value)
```

示例 4:使用列的均值、中位数填充。

```
# 使用列的均值填充 salary 的缺失值
df['salary'].fillna(df['salary'].mean(),inplace=True)

# 使用列的中位数填充 age 的缺失值
df['age'].fillna(df['age'].median(),inplace=True)

print("\n 使用均值和中位数填充后的数据:")
print(df)
```

对于分类数据(如 department 和 gender),使用众数填充可能更合适,但 pandas 没有内置的 fillna 方法来直接计算众数并填充。因此,在实际应用中,可能需要先计算众数,然后再进行填充。

3) 基于模型的填充

对于更复杂的场景,可以使用基于模型的方法来预测并填充缺失值。在 Python 中,可以使用 sklearn 库中的随机森林模块 RandomForestRegressor 来预测并填充 salary 列中的缺失值。为了训练模型,我们需要有至少一些非缺失的 salary 数据作为训练集。

```
import pandas as pd
import numpy as np
from sklearn.ensemble import RandomForestRegressor
from sklearn.model_selection import train_test_split
```

```
from sklearn.metrics import mean_squared_error

# 示例数据,包含缺失值(用 NaN 表示)
data={
    'id': [1,2,3,4,5,6,7,8,9,10],
    'age': [25,30,35,40,28,32,37,42,34,29],
    'salary': [50000, 60000, np.nan, 70000, 62000, np.nan, 75000, 80000, 68000, 58000],
    'department': ['HR', 'IT', 'Finance', 'HR', 'IT', 'Marketing', 'Finance', 'IT', 'HR', 'Marketing']
}

# 创建 DataFrame
df=pd.DataFrame(data)

# 分割数据集为训练集和测试集(注意:这里只是为了演示,实际上我们不需要测试集来填充缺失值)
# 但为了模拟真实情况,我们假设'salary'的最后两个非缺失值是我们不想用于训练的数据
train_df=df[df['salary'].notna()[:-2]].copy()  # 去掉最后两个非缺失的 salary 作为"额外"数据
test_df=df[df['salary'].isna()].copy()  # 假设这些是我们想要预测的缺失值

# 由于我们实际上是在"填充"而非测试,所以这里使用 train_df 的全部数据来训练模型
X_train=train_df[['age','department']]  # 假设我们使用'age'和'department'作为特征
y_train=train_df['salary']

# 初始化随机森林回归器
rf=RandomForestRegressor(n_estimators=100,random_state=42)

# 训练模型
rf.fit(X_train,y_train)

# 使用训练好的模型来预测缺失的'salary'值
```

```
# 注意:在实际操作中,你不需要分割数据集为训练集和测试集,而是直接在包含缺失值的整个数据集上运行模型
# 但为了演示,我们在这里使用 test_df 来模拟这个过程
X_test=test_df[['age','department']]
predicted_salaries=rf.predict(X_test)

# 填充原始的 DataFrame 中的缺失值
df.loc[df['salary'].isna(),'salary']=predicted_salaries

# 查看填充后的 DataFrame
print("填充后的 DataFrame:")
print(df)

# 注意:上面的代码中,我们实际上并没有真正地将数据集分割为训练集和测试集,
# 因为在填充缺失值时,我们通常会使用所有可用的非缺失数据来训练模型。
# 分割数据集只是为了在这个简单的示例中模拟这个过程。
```

在这个示例中,创建了一个包含 salary 缺失值的 DataFrame,并使用 RandomForestRegressor 来预测这些缺失值。在上述模型中,假设 age 和 department 列是与 salary 相关的特征,并使用了这些特征来训练模型,然后用训练好的模型来预测缺失的 salary 值,并将这些预测值填充回原始的 DataFrame 中。

然而,需要注意的是,在实际情况中,我们通常不需要将数据集分割为训练集和测试集来填充缺失值。相反,我们会使用所有可用的非缺失数据来训练模型,并使用该模型来预测所有缺失值。上面的代码中的分割只是为了模拟这个过程,并展示如何使用基于模型的方法来填充缺失值。

3. 重复值处理

除了缺失值处理以外,重复值处理也是数据清洗时的重要一环,下面我们一起来学习如何识别和处理重复值。

1) 识别重复值

现在有一个销售数据的 DataFrame,其中包含一些重复的记录。我们的目标是识别并处理这些重复项。首先,我们创建 DataFrame 对象,以便于后续处理:

```
import pandas as pd

# 示例数据
data={
```

```
    'ProductID': [1,2,3,4,1,2,5],
    'ProductName': ['Laptop', 'Desktop', 'Tablet', 'Smartphone', 'Laptop', 'Desktop', 
'Wearable'],
    'SaleDate': ['2023-01-01', '2023-01-02', '2023-01-03', '2023-01-04', '2023-01-01', '2023-
01-02', '2023-01-05'],
    'Quantity': [2,3,1,4,2,1,2],
    'SalePrice': [1000,1500,300,500,1000,1000,200]
}

# 创建 DataFrame
df=pd.DataFrame(data)

print("原始数据:")
print(df)
```

然后，我们需要识别哪些行是重复的。在 pandas 中，我们可以使用 duplicated()方法或 drop_duplicates()方法的 keep 参数设置为 False 来找出所有重复的行。注意，这会返回一个布尔序列，指示每行是否是重复项。

使用 duplicated()函数可以返回一个布尔序列，表示各行是否是重复项。在默认情况下，它标记第二次出现的重复项为 True，第一次出现的为 False。如果你想要标记所有重复项(不仅仅是第二次及以后出现的)，可以使用 drop_duplicates()函数配合 keep=False 参数来查找，但更直接的方法是使用 duplicated()时指定 keep=False。

以下为识别重复值的示例。

```
# 识别重复的行(不包括第一次出现的行)
duplicates=df[df.duplicated()]

print("\n 重复的行:")
print(duplicates)

# 或者，找出所有重复的行(包括所有副本)
all_duplicates=df[df.duplicated(keep=False)]

print("\n 所有重复的行(包括所有副本):")
print(all_duplicates)
```

2）处理重复值

处理重复值的方法取决于具体需求。我们可以选择删除重复项、保留重复项中的某一行(如最早的或最晚的记录),或者对重复项进行聚合(如计算重复项的总和、平均值等)。

示例1:直接删除重复项。

```
# 删除重复项(保留第一次出现的行)
df_no_duplicates=df.drop_duplicates()

print("\n删除重复项后的数据:")
print(df_no_duplicates)
```

示例2:保留最新记录。

```
# 如果我们想保留每个重复组中的最新记录,我们可以先对数据进行排序,然后删除重复项。
# 按SaleDate降序排序,然后删除重复项(保留最新的记录)
df_sorted=df.sort_values(by='SaleDate', ascending=False)
df_latest_duplicates=df_sorted.drop_duplicates(subset=['ProductID', 'SaleDate'], keep='first')

# 注意:这里我们使用'first'参数是因为数据已经是降序排列的,所以'first'实际上会保留最新的记录
# 如果数据不是按日期排序的,你可能需要先排序,然后使用'last'参数

print("\n保留最新记录的数据:")
print(df_latest_duplicates.sort_values(by='SaleDate', ascending=True))  # 重新排序以便查看
```

在上面的df_latest_duplicates示例中,使用了subset=['ProductID','SaleDate']来指定我们要考虑哪些列来确定重复项。这样,我们就可以保留每个ProductID在每个SaleDate的最新记录。如果只想基于ProductID来删除重复项,则可以省略subset参数。但是,这可能会删除同一天内同一产品的多个销售记录,即使它们在其他方面(如数量或价格)有所不同。

4. 异常值处理

异常值,也称为离群点,是指数据集中那些明显偏离其他观测值的点。这些异常值可能是由于测量误差、数据录入错误、数据损坏或数据本身的特殊性(如极端事件)等造成的。异常值的存在可能会对数据分析的结果产生显著影响,降低模型的准确性和可靠性,因此需要进行有效的处理。

1）识别异常值的常用方法分类

异常值的识别是数据分析中的一项重要任务，它旨在找出那些明显偏离其他观测值的数据点。一种常用的异常值识别方法是基于统计学的方法，如表6-1所示。

表6-1 基于统计学的异常值识别方法

方法名	原理	适用场景
标准差法	基于数据点与数据集均值之间的标准差的差异来识别异常值。通常，Z分数(即数据点与均值的差除以标准差)大于或小于某个阈值(如3)的数据点被认为是异常值	当数据近似服从正态分布时，这种方法非常有效
箱线图法，有时也叫IQR(四分位距)法	箱线图是一种通过分位数(如四分位数)对数值型数据进行图形化描述的方法。箱线图的上下须触线(即Q3+1.5IQR和Q1-1.5IQR，其中IQR为四分位差)可以视为数据分布的上下边界，超出这些边界的数据点通常被认为是异常值	直观、易于理解，适用于各种分布的数据

识别异常值时，除了基于统计学的方法之外，其他方法还有基于距离的方法(如马哈拉诺比斯距离)、基于密度的方法(如DBSCAN聚类)、基于模型的方法(如孤立森林)、基于规则的方法等。

异常值的识别方法多种多样，选择哪种方法取决于数据的特性、分布以及分析的目的。在实际应用中，可以结合多种方法来进行综合判断，以提高异常值识别的准确性和可靠性。同时，需要注意的是，异常值并不一定是错误的数据，它可能包含有用的信息，因此在处理异常值时应该谨慎。

2）识别异常值

下面通过一个基于统计学方法的异常值识别示例，进一步学习如何编写代码识别异常值。假设我们有一个包含随机生成数据(但包含一些异常值)的DataFrame，这些数据模拟了某产品的尺寸测量值，附生成代码：

```
import pandas as pd
import numpy as np

# 生成模拟数据
np.random.seed(0)  # 设置随机种子以确保结果可复现
data={
    'Product': ['A', 'B', 'C', 'D', 'E', 'F', 'G', 'H', 'I', 'J'],
    'Measurement': np.random.normal(loc=100, scale=10, size=10)  # 大部分数据接近100,标准差为10
}
# 添加一些异常值
```

```
data['Measurement'][-2:]=[5,200]  # 假设最后两个数据点是异常值

df=pd.DataFrame(data)

print("原始数据:")
print(df)
```

接下来，我们将分别利用标准差法和 IQR(四分位距)法。具体步骤如下。

(1) 计算描述性统计量：首先，我们计算数据的描述性统计量，如均值、标准差、四分位数等，这些统计量将帮助我们识别异常值。

(2) 使用基于统计学的方法识别异常值：

① 标准差法：通常认为距离均值超过一定数量标准差的数据点是异常值。

② IQR(四分位距)法：利用 Q1(第一四分位数)和 Q3(第三四分位数)计算 IQR，然后将低于 Q1－1.5IQR 或高于 Q3＋1.5IQR 的数据点视为异常值。

(3) 标记或处理异常值：根据识别结果，我们可以选择标记这些异常值，或者从数据集中删除它们。

```
# 步骤 1:计算描述性统计量
print("\n 描述性统计量:")
print(df['Measurement'].describe())

# 步骤 2:使用标准差法识别异常值
mean=df['Measurement'].mean()
std=df['Measurement'].std()
threshold=3  # 使用 3 倍标准差作为阈值
outliers_std=df[(df['Measurement']<(mean-threshold * std))|(df['Measurement']>
(mean+threshold * std))]

print("\n 标准差法识别的异常值:")
print(outliers_std)

# 步骤 3:使用 IQR 法识别异常值
Q1=df['Measurement'].quantile(0.25)
Q3=df['Measurement'].quantile(0.75)
IQR=Q3-Q1
lower_bound=Q1-1.5 * IQR
upper_bound=Q3+1.5 * IQR
```

```
outliers_iqr = df[(df['Measurement'] < lower_bound) | (df['Measurement'] > upper_
bound)]

print("\nIQR 法识别的异常值:")
print(outliers_iqr)

# 步骤 4:处理异常值(这里仅展示如何标记它们,实际应用中可以根据需要删除或替换)
df['Is_Outlier_Std'] = ((df['Measurement'] < (mean-threshold * std)) | (df
['Measurement'] > (mean + threshold * std))).astype(int)
df['Is_Outlier_IQR'] = ((df['Measurement'] < lower_bound) | (df['Measurement'] >
upper_bound)).astype(int)

print("\n 标记后的数据:")
print(df)
```

标准差法和 IQR 法分别识别出不同的异常值。在标准差法中,我们设置了 3 倍标准差作为阈值;在 IQR 法中,我们使用了 1.5 倍的 IQR 作为异常值的判断依据。最后,我们在原始 DataFrame 中添加了两列,分别标记了通过标准差法和 IQR 法识别出的异常值。这样我们就可以很容易地看到哪些数据点被识别为异常值。

3) 处理异常值的一般步骤

异常值处理是数据预处理中非常重要的一步,它可以帮助我们识别和修正数据中不合理的值,从而提高数据分析或模型训练的准确性和可靠性。现在有一份关于学生成绩的数据集,具体内容包括学生的姓名、数学成绩、英语成绩和物理成绩。数据存储在 CSV 文件中,内容如下(students_scores.csv):

```
Name,Math,English,Physics
Alice,85,92,78
Bob,98,88,92
Charlie,10,95,80
David,50,70,100
Eve,60,50,55
Frank,150,85,75   # 假设这是一个异常值,因为成绩不可能超过 100
Grace,80,90,85
```

处理异常值一般可以采取以下几个步骤。

(1) 读取数据:使用 Pandas 读取 CSV 文件。

(2) 探索数据:检查数据的描述性统计信息,以识别可能的异常值。

(3) 处理异常值:根据具体情况选择删除异常值、替换为均值/中位数/众数或使用其他方法。

(4) 验证结果:查看处理后的数据,确保异常值已被正确处理。

示例代码如下:

```
import pandas as pd

# 步骤 1:读取数据
df=pd.read_csv('students_scores.csv')

# 步骤 2:探索数据
print(df.describe())  # 查看描述性统计信息

# 假设我们认为数学成绩超过 100 是异常值
# 步骤 3:处理异常值
# 方法 1:删除异常值
df_cleaned=df[df['Math']<=100]
print("删除异常值后的数据:")
print(df_cleaned)

# 或者,方法 2:替换异常值为中位数
median_math=df['Math'].median()
df['Math']=df['Math'].apply(lambda x: x if x <=100 else median_math)
print("\n 替换异常值为中位数后的数据:")
print(df)

# 步骤 4:验证结果
print("替换后的数学成绩中位数:",df['Math'].median())
```

在上述代码中,df.describe()可以返回描述性统计信息,它会显示每列的最小值、最大值、均值等,从中可以快速发现异常值。然后给出了两种处理异常值的方法,即删除异常值和替换异常值。删除异常值,即将数学成绩超过 100 的记录删除,剩下的数据更为合理。替换异常值,即将数学成绩超过 100 的记录替换为该列的中位数,这样可以保留更多数据,同时修正不合理的值。

任务 6.3 掌握数据转换技术

在数据处理和分析的广阔领域中,数据转换是一项至关重要的技术,它直接关系到数据能否被有效地识别、解释和利用，进而支持决策制定和业务洞察。下面将介绍数据转换的基本概念以及常见处理方法。

1. 数据转换知识概述

在数据预处理流程中，数据转换是一个至关重要的环节。它涉及将原始数据转换成更适合于分析或机器学习模型处理的格式。数据转换的目的是改善数据质量、提高分析效率，并可能通过特征工程增强模型的预测能力。

数据转换是指将数据从一种格式、结构或类型转换为另一种格式、结构或类型的过程。这一过程在数据处理、数据集成、数据迁移和数据分析等领域中扮演着至关重要的角色。通过数据转换，可以使数据更加适应不同的应用场景、系统或工具的要求，从而提高数据的可用性、一致性和适用性。

通过数据转换，不同来源和格式的数据可以被统一处理和分析，从而提高数据的可用性。数据转换有助于打破数据孤岛，促进不同系统之间的数据交换和协同工作。通过数据清洗和转换操作，可以确保数据的准确性和一致性，提高数据的质量和可靠性。转换后的数据更加易于理解和分析，从而为企业和组织提供更准确、可靠的数据支持，促进决策制定和业务创新。

2. 数值型数据的标准化与归一化

标准化(Z-Score Normalization)，也称为Z分数标准化或标准差标准化，是一种常用的数据预处理方法，它通过将原始数据转换为具有特定均值(通常是0)和标准差(通常是1)的分布，来消除不同量纲或量级对数据分析的影响。这种方法特别适用于数据分布近似高斯分布(正态分布)的情况，因为标准化后的数据会具有标准正态分布的统计特性，使得后续的数据分析(如比较、建模等)更加便捷和准确。

标准化过程的数学表达式如下：

$$Z=\frac{X-\mu}{\sigma}$$

其中：X 是原始数据值；μ 是原始数据的均值(mean)；σ 是原始数据的标准差(standard deviation)；Z 是标准化后的数据值，也称为 Z 分数或标准分数。

标准化过程有以下几个主要优点：

(1) 统一量纲：通过标准化，不同量纲的数据可以被转换到同一尺度上进行比较和分析，消除了量纲差异对数据分析结果的影响。

(2) 提高模型性能：许多机器学习算法(如线性回归、逻辑回归、K-means 聚类等)在输入数据具有标准正态分布时表现更好。标准化可以帮助这些算法更快地收敛到最优解，提高模型的准确性和稳定性。

(3) 便于比较：标准化后的数据具有相同的均值和标准差，因此可以更容易地比较不同数据点之间的相对位置或差异。

然而，需要注意的是，标准化并不总是适用的。如果数据分布严重偏离高斯分布（如偏态分布、多峰分布等），则标准化可能不是最佳选择。在这种情况下，可能需要考虑其他数据预处理方法，如对数转换、Box-Cox 转换等，以更好地适应数据的实际分布特性。此外，对于某些算法（如决策树、随机森林等基于树的算法），由于它们不直接依赖于数据的尺度，因此通常不需要进行标准化处理。然而，在实践中，对数据进行适当的预处理仍然是一个好习惯，因为它可以帮助我们更好地理解数据的特性和结构。

下面，给出一个标准化处理的示例：

```
import pandas as pd
import numpy as np

# 假设这是我们的实验数据
data=pd.DataFrame({
'Score': [90,100,85,70,95,88,100,92,80,75]
})

# 标准化处理
data['Standardized_Score']=(data['Score']-data['Score'].mean())/data['Score'].std()

print(data)
```

归一化（Min-Max Normalization）是一种将数据按比例缩放，使之落入一个小的特定区间，通常是[0,1]的范围内的方法。这种方法对于需要将数据限制在特定区间内的场景特别有用，比如某些算法或模型对输入数据的范围有明确要求，或者当数据的分布范围未知时。

归一化的数学表达式如下：

$$X_{\text{norm}}=\frac{X-X_{\min}}{X_{\max}-X_{\min}}$$

其中：X 是原始数据值；$X_{\min}$ 是数据集中的最小值；$X_{\max}$ 是数据集中的最大值；X_{norm} 是归一化后的数据值。

归一化的过程非常简单直观：对于每个数据点，它都会根据其与数据集中最小值和最大值之间的相对位置来重新计算其值。这样，原始数据就被映射到了一个新的、具有固定范围（这里是[0,1]）的尺度上。

归一化的优点包括：

（1）统一量纲和范围：归一化能够消除不同量纲和范围对数据分析的影响，使得不同来源或不同特征的数据可以在同一尺度上进行比较和分析。

（2）提高算法性能：对于某些算法（如神经网络中的激活函数），输入数据的范围对算法的性能和稳定性有很大影响。归一化可以帮助这些算法更好地工作。

(3) 简化计算:在某些情况下,将数据限制在[0,1]范围内可以简化计算过程,特别是在处理概率或百分比相关的数据时。

然而,归一化也有其局限性。首先,它假设了数据集中的最小值和最大值是有意义的,并且这些数据在未来的数据集中也可能会出现。如果新的数据点超出了原始数据集的范围,那么归一化过程可能需要重新计算。其次,归一化对异常值比较敏感,因为异常值会直接影响最小值和最大值的计算,从而影响整个数据集的归一化结果。因此,在选择是否使用归一化时,需要根据具体的数据集和应用场景来做出决策。如果数据的分布范围已知且相对稳定,或者算法对输入数据的范围有明确要求,那么归一化可能是一个很好的选择。否则,可能需要考虑其他数据预处理方法。

以下为归一化处理的示例。

```
# 归一化处理
data['Normalized_Score'] = (data['Score'] - data['Score'].min())/(data['Score'].max()-data['Score'].min())

print(data)
```

3. 离散化(Binning)

离散化(Discretization 或 Discretization Method)是指在不改变数据相对大小的条件下,对数据进行相应的缩小或划分,将原本连续或无限的数据集转换为有限个离散值的过程。在程序设计中,离散化是常用的技巧,可以有效降低时间和空间复杂度。

简单来说,离散化是将连续变量划分为有限个区间(或称为"桶"或"箱"),每个区间内的值被视为相同。这有助于减少数据的复杂度,并可能帮助算法更好地学习。常见的离散化方法有:

(1) 等距区间法:将连续型数据划分为等距的区间,每个区间内的数据被赋予相同的离散值。

(2) 分位数法:使用四分位、五分位等分位数进行离散化处理,将数据分为几个等量的部分。

(3) 聚类法:如使用K均值聚类算法将样本集分为多个离散化的簇,每个簇内的数据被赋予相同的离散值。

(4) 卡方法:基于卡方统计量的离散化方法,通过找出数据的最佳临近区间并合并,形成较大的区间来实现离散化。

(5) 自定义区间法:根据数据的特点和业务需求,自定义区间边界进行离散化处理。

示例:使用 pandas 的 qcut 进行等频离散化。

```
# 假设我们有年龄数据
data=pd.DataFrame({
    'Age': [22,35,47,28,52,30,24,32,45,60]
})

# 将年龄离散化为4个等频区间
data['Age_Bin']=pd.qcut(data['Age'],q=4,labels=False)

print(data)
```

离散化是一种重要的数据处理技术，在多个领域都有广泛应用。通过合理的离散化方法，可以提高算法效率、增强模型稳定性，并满足特定的业务需求。然而，在应用离散化技术时，也需要注意其可能带来的信息损失和对业务逻辑的依赖。

4. 编码分类变量

分类变量（或称为名义变量）通常包含文本标签，这些标签在模型训练前需要被转换为数值形式，以便机器学习算法能够处理。常见的编码方法包括标签编码（Label Encoding）和独热编码（One-Hot Encoding）：

（1）标签编码：直接将标签映射到整数。这种编码过程简单快捷，但这种方法在标签之间不存在自然顺序时可能导致问题。

（2）独热编码：为每个类别创建一个新列，并在相应行中设置为1（表示属于该类），其余为0。独热编码能够清晰地表示出每个样本的类别信息，方便模型处理。当分类变量的类别数较多时，独热编码会导致特征空间急剧膨胀，增加模型的计算复杂度。

示例：使用 pandas 的 get_dummies 进行独热编码。

```
# 假设我们有性别数据
data=pd.DataFrame({
    'Gender': ['Male','Female','Male','Female','Male']
})

# 独热编码
data_encoded=pd.get_dummies(data,columns=['Gender'])

print(data_encoded)
```

5. 特征构造

特征构造是通过原始数据计算新特征的过程。这有助于捕捉数据中隐藏的模式或关系，并可能提高模型的性能。

示例：计算年龄的平方作为新特征（可能用于捕捉非线性关系）。

```
# 假设我们已有年龄数据
data['Age_Squared']=data['Age'] * * 2

print(data)
```

在实际应用中，实验数据可能来自多个数据源，具有不同的格式和复杂性。通过数据转换，我们可以使数据更加适合特定的分析任务，提高数据的质量和分析的精度。同时，数据转换也是特征工程的重要组成部分，通过巧妙的特征构造，我们可以挖掘出数据中隐藏的价值，为后续的建模工作奠定坚实的基础。

任务 6.4 掌握数据集成技术

数据集成是现代数据处理和数据分析领域中的一项关键技术，它涉及将来自不同数据源、具有不同格式和特性的数据有机地集中起来，形成一个统一、完整的数据视图，以便为企业或组织提供全面的数据支持。

1. 数据集成知识概述

数据集成是指将互相关联的分布式异构数据源集成到一起，使用户能够以透明的方式访问这些数据源。这一过程旨在维护数据源整体上的数据一致性，提高信息共享利用的效率。透明的方式意味着用户无须关心如何实现对异构数据源数据的访问，只关心以何种方式访问何种数据。

数据集成能够实现以下目的。

(1) 数据整合：将多个数据源中的数据整合到一个统一的数据仓库或数据湖中，以便进行统一管理和分析。

(2) 提高数据质量：通过数据清洗、转换和标准化，提高数据的准确性和一致性。

(3) 支持决策制定：为企业的管理层提供全面、准确的数据支持，帮助他们做出更明智的决策。

(4) 优化业务流程：通过数据分析，发现业务流程中的瓶颈和机会，从而优化流程，提高效率。

数据集成的方法多种多样，主要包括以下几种。

(1) 手工集成：通过人工的方式将不同数据源中的数据进行整合。这种方法灵活性强，但效率低下且容易出错。

(2) 应用程序集成：通过编程的方式，利用特定的应用程序或脚本来实现数据的集成。这种方法效率较高，但需要具备一定的编程能力。

(3) 数据仓库集成:将不同数据源中的数据加载到数据仓库中,然后通过 ETL(提取、转换、加载)工具进行数据的抽取、转换和加载。这种方法适用于大规模的数据集成需求。

(4) 数据同步集成:通过数据同步工具实现不同数据源之间的数据同步,确保数据的一致性和实时性。这种方法适用于需要实时更新数据的场景。

(5) 数据虚拟化集成:通过虚拟化技术将不同数据源中的数据"虚拟"成一个统一的数据视图,用户可以通过统一的接口对数据进行访问和查询。这种方法可以减少数据冗余和复杂性,提高数据的可访问性和灵活性。

2. 数据集成示例 1

下面,我们要从两个不同的数据源(例如,CSV 文件)中加载数据,将它们合并到一个 Pandas DataFrame 中,并使用统计学方法(如标准差法)来识别并处理异常值。这里有两个 CSV 文件,data1.csv 和 data2.csv,它们包含相似的列但不同的数据记录。

data1.csv:

```
ID,Value
1,90
2,105
3,110
4,200  # 假设这是一个异常值
```

data2.csv:

```
ID,Value
5,95
6,100
7,102
8,5  # 假设这也是一个异常值
```

实现代码:

```
import pandas as pd
import numpy as np

# 步骤 1:读取数据
df1=pd.read_csv('data1.csv')
df2=pd.read_csv('data2.csv')

# 步骤 2:数据集成(这里使用 concat 合并,假设 ID 不重复或不需要根据 ID 合并)
```

```
df_combined=pd.concat([df1,df2],ignore_index=True)

# 步骤3:数据清洗(使用标准差法识别异常值)
# 计算均值和标准差
mean_value=df_combined['Value'].mean()
std_value=df_combined['Value'].std()

# 设定阈值(例如,3倍标准差)
threshold=3 * std_value

# 识别异常值
outliers=df_combined[(df_combined['Value']<(mean_value-threshold))|(df_combined['Value']>(mean_value+threshold))]

# 处理异常值(这里将它们替换为均值,实际应用中可能需要更复杂的处理)
df_cleaned=df_combined.copy()
df_cleaned.loc[outliers.index,'Value']=mean_value

# 或者,如果你想删除异常值
# df_cleaned=df_combined[(df_combined['Value']>=(mean_value-threshold)) & (df_combined['Value']<=(mean_value+threshold))]

# 步骤4:结果展示
print("原始合并数据:")
print(df_combined)
print("\n清洗后的数据:")
print(df_cleaned)
```

这个示例中的“数据集成”实际上只是简单地将两个数据集合并在一起,并没有涉及到更复杂的集成逻辑(如基于键的合并、数据转换等)。此外,使用标准差法来识别和处理异常值是一种常见但不一定总是最佳的方法,具体取决于数据的特性和分析的目的。

3. 数据集成示例2

现有两个CSV文件,orders.csv和customers.csv,以及一个products.csv文件。这些文件分别包含订单信息、客户信息和产品信息。我们需要基于CustomerID和ProductID将orders表与customers和products表合并。

orders.csv:

```
OrderID,CustomerID,ProductID,Quantity,OrderDate
1,101,201,2,2023-01-01
2,102,202,1,2023-01-02
3,101,203,3,2023-01-03
```

customers.csv：

```
CustomerID,Name,Country
101,John Doe,USA
102,Jane Smith,Canada
```

products.csv：

```
ProductID,Name,Price
201,Laptop,999
202,Smartphone,499
203,Tablet,399
```

实现代码：

```
import pandas as pd

# 读取数据
orders=pd.read_csv('orders.csv')
customers=pd.read_csv('customers.csv')
products=pd.read_csv('products.csv')

# 数据集成
# 首先,将 orders 与 customers 合并
orders_with_customers=pd.merge(orders, customers, on='CustomerID', how='left')

# 然后,将上一步的结果与 products 合并
orders_with_customers_and_products=pd.merge(orders_with_customers, products,
on='ProductID', how='left')

# 结果展示
print("集成后的数据:")
print(orders_with_customers_and_products)
```

输出将是一个包含所有订单、对应客户信息和产品信息的 DataFrame。每一行都将展示

一个订单的详细信息，包括订单ID、客户ID、产品ID、数量、订单日期、客户姓名、国家、产品名称和价格。这个例子展示了数据集成的基本流程，包括从多个数据源加载数据、基于键的合并操作，并最终得到一个包含所有相关信息的综合数据集。在实际应用中，数据集成可能会更加复杂，涉及更多的数据源、更复杂的数据清洗和转换步骤，以及可能的性能优化措施。

任务 6.5 掌握数据规约技术

数据规约(Data Reduction)是数据预处理中不可或缺的一环，旨在通过减少数据量或降低数据维度，以更小的数据集获得与原始数据集相似或相同的分析结果，从而提高数据处理和分析的效率。在大数据和机器学习日益普及的今天，数据规约显得尤为重要，它能够帮助我们更有效地管理和利用海量数据。

1. 数据规约知识概述

数据规约是指通过减少数据量、降低数据复杂度，从而简化数据集的过程。其目的在于提高数据处理的效率和质量，降低数据处理和分析的成本(包括存储成本、计算成本和人力成本)，同时保持数据的主要特性，使得分析结果更加准确可靠。

数据规约的重要性包括：

(1) 提高数据处理效率：通过减少数据集的规模或复杂度，数据规约能够显著提高数据处理的速度和效率。

(2) 降低存储和计算成本：规约化后的数据集规模更小，所需的存储空间和计算资源也相应减少。

(3) 提高数据质量：规约化过程中可以去除噪声和冗余数据，提高数据的准确性和可靠性。

数据规约的方法多种多样，包括但不限于维度规约、数值规约、聚合规约以及抽样规约等：

(1) 维度规约(Dimensionality Reduction)：维度规约是指通过减少数据集中随机变量或属性的个数来降低数据的维度。其主要目的是去除不相关、弱相关或冗余的属性，以减少数据的复杂度并提高数据处理的效率。维度规约的方法如下：

① 主成分分析(Principal Component Analysis，PCA)：通过寻找原自变量的正交向量，将原有的n个自变量重新组合为不相关的新自变量。这些新自变量(即主成分)是原始变量的线性组合，且按照方差从大到小排列。

② 小波变换(Wavelet Transform，WT)：由傅里叶变换发展而来，通过有限长会衰减的小波基进行变换，能在获取频率的同时定位时间。

③ 特征集选择(Feature Subset Selection，FSS)：通过删除不相关或冗余的属性来减少维度与数据量。

(2) 数值规约(Numerosity Reduction)：数值规约是指通过减少数据集中数据点的数

量来降低数据的规模。其主要目的是用较小的数据表示形式替换原始数据，以提高数据处理的效率。数值规约的方法包括：

① 参数化数据规约：使用回归模型（如简单线性回归、多元线性回归）或对数线性模型对数据进行建模，拟合出数据的趋势或关系，然后用模型参数代替原始数据。

② 非参数化数据规约：包括直方图、聚类、抽样等。

（3）聚合规约：聚合规约通常指的是通过数据聚合或汇总的方式减少数据点的数量。例如，在时间序列数据中，可以通过计算日平均、周平均或月平均等方式将数据从高频聚合到低频，从而减少数据点的数量。此外，数据立方体聚集也是一种聚合规约的方法，它通过将细粒度的数据聚合成粗粒度的数据来减少数据量。

（4）抽样规约：抽样规约是数值规约中的一种特殊形式，它通过随机选择数据集中的一部分样本来代替整个数据集。抽样规约可以显著降低数据处理的复杂度，并且当样本选择得当时，可以保持数据的代表性。抽样方法包括简单随机抽样、分层抽样、聚类抽样等。

数据规约的方法多种多样，每种方法都有其独特的优势和适用场景。在实际应用中，可以根据数据的特性和需求选择合适的数据规约方法。

2. 维度规约

维度规约，也称为特征选择或特征提取，旨在减少数据集中的特征数量。这有助于避免“维度灾难”，提高模型的泛化能力，并减少计算开销。

示例：假设我们有一个包含多个特征的数据集（以二维数据集为例），现使用主成分分析（PCA）进行维度规约。

```
import numpy as np
import pandas as pd
from sklearn.decomposition import PCA
from sklearn.preprocessing import StandardScaler

# 示例数据
data={
    'Feature1': [2.5,2.4,0.5,0.7,1.6,1.1,1.6,2.6,2.3,1.3],
    'Feature2': [2.8,1.4,1.5,1.4,3.2,2.9,3.0,2.7,2.0,1.0]
}
df=pd.DataFrame(data)

# 数据标准化
scaler=StandardScaler()
scaled_data=scaler.fit_transform(df)
```

```
# 应用PCA
pca=PCA(n_components=1)  # 降至1维
pca_result=pca.fit_transform(scaled_data)

# 查看结果
print("原始数据维度:",df.shape[1])
print("降维后数据维度:",pca_result.shape[1])
print("降维后的数据:\n",pca_result)
```

3. 数值规约

数值规约旨在减少数据集中的数值精度或范围,一个常见的应用是通过分箱(Binning)技术来减少数值数据的精度或范围。

示例:假设我们有一个包含销售额数据的DataFrame,我们需要将这些销售额数据通过等宽分箱进行规约。

```
import pandas as pd

# 实验数据
data={
    'Sales':[120,200,50,150,80,300,220,100,180,40]
}
df=pd.DataFrame(data)

# 设定分箱的数量(例如,我们想要将数据分为4个箱)
num_bins=4

# 使用pandas的qcut进行等宽分箱(注意:虽然qcut通常用于等频分箱,但我们可以通过指定bins参数来实现等宽)
# 但为了等宽分箱,我们更常用cut函数,并手动计算每个箱的范围

# 计算箱的宽度
min_val=df['Sales'].min()
max_val=df['Sales'].max()
bin_width=(max_val-min_val)/num_bins
```

```
# 定义箱的边界(注意:这里我们简单地使用等宽,但在实际应用中可能需要调整以确保边界的合理性)
bins=[min_val+i*bin_width for i in range(num_bins+1)]

# 应用分箱
df['Sales_Bin']=pd.cut(df['Sales'],bins=bins,labels=False,duplicates='drop')

# 为了更直观地展示,我们可以将箱号转换为箱的范围(可选)
def bin_to_range(bin_num):
    return f'[{bins[bin_num]:.0f},{bins[bin_num+1]:.0f})' if bin_num<num_bins else f'[{bins[bin_num]:.0f},+inf)'

df['Sales_Bin_Range']=df['Sales_Bin'].apply(lambda x: bin_to_range(x))

# 显示结果
print(df)
```

4. 聚合规约

聚合规约通过汇总或聚合数据来减少数据集的规模。这通常涉及对数据的分组和计算每个组的统计量(如平均值、中位数、众数、标准差等)。

示例:假设我们有一个包含多个销售记录的数据集,其中包含日期、产品和销售额等信息,现在我们要使用 Pandas 的 groupby 和聚合函数进行数据聚合。

```
# 假设数据如下
data={
    'Date': ['2023-01-01','2023-01-01','2023-01-02','2023-01-02','2023-01-01'],
    'Product': ['A','B','A','B','A'],
    'Sales': [100,150,200,120,80]
}
df=pd.DataFrame(data)
df['Date']=pd.to_datetime(df['Date'])

# 按日期和产品聚合销售额,计算每日每种产品的总销售额
aggregated_data=df.groupby(['Date','Product'])['Sales'].sum().reset_index()


print(aggregated_data)
```

5. 抽样规约

抽样规约通过从原始数据集中选择一部分样本来减少数据规模。抽样方法可以是随机的，也可以是基于特定规则的（如分层抽样、系统抽样等）。

示例：假设我们有一个包含多个字段（如用户 ID、年龄、性别、收入等）的用户数据集，我们想要通过随机抽样来减少数据集的规模。

```
import pandas as pd

# 实验数据
data={
    'UserID': [1,2,3,4,5,6,7,8,9,10],
    'Age': [25,30,35,40,28,32,37,45,29,31],
    'Gender': ['M','F','M','F','M','F','M','F','M','F'],
    'Income': [50000,60000,55000,70000,58000,62000,57000,75000,59000,61000]
}
df=pd.DataFrame(data)

# 随机抽样:抽取 50%的样本
sample_rate=0.5
sample_df=df.sample(frac=sample_rate)

# 显示抽样结果
print("原始数据集大小:",df.shape)
print("抽样后数据集大小:",sample_df.shape)
print("抽样后的数据集:")
print(sample_df)
```

在这个示例中，df 是一个包含 10 个样本的 DataFrame，每个样本有 4 个字段：UserID、Age、Gender 和 Income。我们使用 sample()方法从原始数据集中随机抽取了 50%的样本，并将结果存储在 sample_df 中。frac 参数指定了抽样比例，其值在 0 到 1 之间。

练习题

（1）给定一个包含缺失值（用 None 或 np. nan 表示）的 DataFrame，请填充缺失值。对于数值型列，使用列的平均值填充；对于类别型列，使用列中出现次数最多的值填充。

以下是数据：

```
import pandas as pd
import numpy as np

data={
    'Age': [25,30,None,40,28,np.nan],
    'Gender': ['M','F','M',None,'F','M'],
    'Income': [50000,60000,np.nan,70000,58000,62000]
}
df=pd.DataFrame(data)
```

(2) 将第 1 题 DataFrame 中的 Gender 列使用独热编码(One-Hot Encoding)转换为数值型表示。

(3) 对第 3 题 DataFrame 中的 Age 和 Income 列进行 Z-Score 标准化处理。

(4) 对包含多个数值型特征的 DataFrame 应用 PCA(主成分分析),将特征数减少到 2 个。

以下是数据:

```
data={
    'Age': [25,30,40,28,35,45],
    'Income': [50000,60000,70000,58000,65000,75000],
    'Expenditure': [20000,25000,30000,28000,32000,35000],
    'Savings': [30000,35000,40000,30000,33000,40000]
}
df=pd.DataFrame(data)
```

(5) 从 DataFrame 中筛选出 Age 大于 30 且 Income 大于 60 000 的记录。数据同第 1 题。

(6) 给定两个 DataFrame,一个包含用户信息,另一个包含订单信息,请根据用户 ID 将这两个 DataFrame 合并。

以下是数据:

```
user_data={
    'UserID': [1,2,3],
    'Name': ['Alice','Bob','Charlie']
}
order_data={
    'OrderID': [101,102,103],
    'UserID': [1,2,3],
```

```
    'Amount': [100,200,150]
}
users=pd.DataFrame(user_data)
orders=pd.DataFrame(order_data)
```

(7) 对 DataFrame 先按 Age 升序排序,如果 Age 相同,则按 Income 降序排序。数据同第1题。

(8) 按 Gender 分组,计算每个性别的平均年龄和平均收入。数据同第1题。

项目 7

数据仓库工具 Hive

项目概述

本项目共包括 3 个任务，主要涉及 Hive 的搭建和使用。第 1 个任务为读者介绍了在 Hadoop 平台搭建 Hive 的流程。第 2 个任务展示了数据存储的基本流程、内部表和外部表、分区表和分桶表。第 3 个任务介绍了 Hive 数据分析的查询技巧。

项目目标

- 在 Hadoop 平台搭建 Hive
- 学会 Hive 数据存储
- 学会 Hive 数据分析

任务 7.1　在 Hadoop 平台搭建 Hive

在 Hadoop 平台上搭建 Hive，不仅能够利用 Hadoop 的分布式存储和计算能力，还能通过 Hive 提供的 SQL 接口，使得数据分析人员能够更容易地操作和理解数据。这对于需要处理海量数据的企业和组织来说，是一个非常重要的工具。

1. Hive 知识概述

Hive 是基于 Hadoop 的一个数据仓库工具，可以将结构化的数据文件映射为一张表，并提供类 SQL 查询功能。Hive 的查询语言称为 HQL(Hive Query Language)，它类似于 SQL，使得熟悉 SQL 的用户能够方便地对 Hadoop 中的数据进行查询和管理。

Hive 将 HQL 转化成 MapReduce 程序，利用 Hadoop 的分布式计算能力来处理大规模数据集。Hive 处理的数据存储在 HDFS(Hadoop Distributed File System)上，分析数据的底层实现是 MapReduce，执行程序则运行在 Yarn 上。

Hive 支持将数据存储在 Hadoop 的 HDFS 中，也可以将数据存储在本地文件系统中。Hive 的表实际上就是 HDFS 上的目录或文件，如图 7－1 所示，分区表则对应子目录。Hive 通过 HQL 提供类 SQL 的查询功能，用户可以使用 HQL 对存储在 Hadoop 中的数据进行查询和管理。Hive 还提供了数据视图功能，可以将数据以易于理解的方式组织成表、视图等结构。

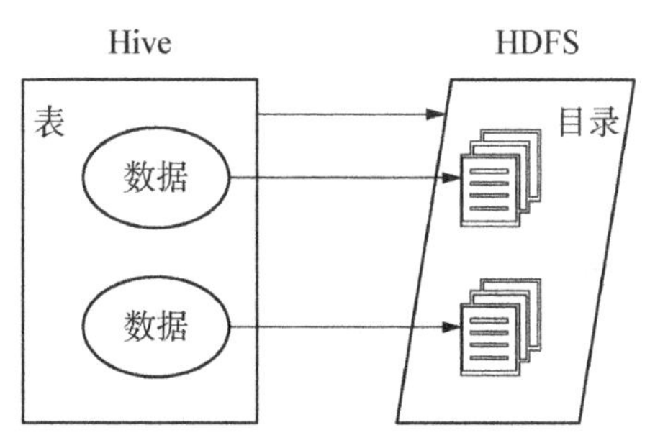

图 7-1 Hive 和 HDFS 对应关系

在 Hadoop 环境已经成功部署的基础上，搭建 Hive 主要涉及安装 mysql、下载 Hive 安装包、配置环境变量、修改 Hive 配置文件以及启动 Hive 服务等步骤。

2. 节点角色分配

在部署 Hive 的架构时，选择分布式模式，并进行了特定的角色分配以优化资源利用与性能。具体而言，需要在 slave2 节点上部署 MySQL Server，专用于承载 Hive 的元数据，这样做既保障了元数据的独立性与安全性，又便于集中管理。

与此同时，为了增强服务的灵活性与可扩展性，在 slave1 节点上部署 Hive Server，配置 Thrift 服务，使其成为一个高效的 RPC 服务端。Thrift 作为一种跨语言的接口定义与通信协议框架，在这里发挥了重要作用，它使得 Hive 服务能够跨越不同编程环境进行无缝交互，从而支持来自多种客户端的远程过程调用。

而 master 节点则承担起客户端的角色，用户或应用程序通过该节点与 Hive Server 进行交互，执行数据查询、分析等操作。这种架构设计不仅实现了计算资源与存储资源的分离，还通过 Thrift 服务增强了系统的远程访问能力，使得数据操作更加灵活便捷。

3. 配置 MySQL 服务

为了在 slave2 节点上部署 MySQL Server，以承载 Hive 的元数据，首先需要在 slave2 节点安装 MySQL server 包：

```
[root@slave2 ~]# yum install -y wget
[root@slave2 ~]# wget http://dev.mysql.com/get/mysql57-community-release-el7-8.noarch.rpm
[root@slave2 ~]# rpm -ivh mysql57-community-release-el7-8.noarch.rpm # 安装源
[root@slave2 ~]# cd /etc/yum.repos.d
```

```
[root@slave2 yum.repos.d]# rpm --import https://repo.mysql.com/RPM-GPG-KEY-mysql-2022
[root@slave2 yum.repos.d]# yum -y install mysql-community-server
```

安装完成后，开启 mysql 服务，并查看服务状态：

```
[root@slave2 ~]# cd
[root@slave2 ~]# systemctl start mysqld
[root@slave2 ~]# systemctl status mysqld
● mysqld.service-MySQL Server
...
Active: active (running) since Thu 2023-01-12 18:50:19 CST; 12s ago
...
```

首次登录数据库时，获取 mysql 安装时自动生成的初始密码（临时密码）：

```
[root@slave2 ~]# grep "password" /var/log/mysqld.log
```

根据获取的结果，使用该密码登录 mysql。在输入密码时，由于安全性设计，用户输入的密码并不会直接明文显示。使用以下指令可以进行登录：

```
[root@slave2 ~]# mysql -uroot -p
```

将 mysql 数据库密码安全策略设为低级，并修改密码：

```
mysql> set global validate_password_policy=0; --设置密码强度为低级
Query OK, 0 rows affected (0.00 sec)
mysql> set global validate_password_length=4; --设置密码最低长度
Query OK, 0 rows affected (0.00 sec)
mysql> alter user 'root'@'localhost' identified by '123456'; --修改本地密码
Query OK, 0 rows affected (0.01 sec)
mysql> \q
Bye
```

配置远程连接用户和密码：

```
[root@slave2 ~]# mysql -uroot -p123456
...
mysql> create user 'root'@'%' identified by '123456';
Query OK, 0 rows affected (0.00 sec)
mysql> grant all privileges on *.* to 'root'@'%' with grant option;
```

```
Query OK,0 rows affected (0.00 sec)
mysql> flush privileges;
Query OK,0 rows affected (0.00 sec)
mysql> \q
Bye
```

4. Hive基础环境配置

在搭建Hive之前，需要确保Hadoop环境已经配置成功，Hive基于此运行，然后再跟随本节的步骤进行操作即可。

1）下载和解压Hive安装包

我们可以从Apache Hive的官方网站下载适合你操作系统的Hive版本，直接下载Hive的二进制分发包(.tar.gz格式)。然后将其解压到master节点和slave1节点的/usr/hive/：

```
[root@master hive]# tar -zxvf apache-hive-2.1.1-bin.tar.gz -C /usr/hive/
[root@master hive]# scp -r /usr/hive/ root@slave1:/usr/
```

2）配置Hive环境变量

在master和slave1节点的/etc/profile文件中，配置环境变量HIVE_HOME，将Hive安装路径中的bin目录加入PATH系统变量，注意要生效环境变量：

```
export HIVE_HOME=/usr/hive/apache-hive-2.1.1-bin
export PATH=$PATH:$HIVE_HOME/bin
```

3）修改Hive运行环境

进入master和slave1节点的Hive配置文件夹，找到运行环境配置文件hive-env.sh进行编辑：

```
[root@master ~]# cd /usr/hive/apache-hive-2.1.1-bin/conf/
[root@slave1 ~]# cd /usr/hive/apache-hive-2.1.1-bin/conf/
[root@master conf]# vi hive-env.sh
[root@slave1 conf]# vi hive-env.sh
```

根据Hadoop和Hive的安装路径，添加到hive-env.sh中：

```
export HADOOP_HOME=/usr/hadoop/hadoop-2.7.4
export HIVE_CONF_DIR=/usr/hive/apache-hive-2.1.1-bin/conf/
export HIVE_AUX_JARS_PATH=/usr/hive/apache-hive-2.1.1-bin/lib
```

4）解决 jline 的版本冲突

我们还要考虑到不同版本的 jline 库之间的兼容性问题，尤其是在一个项目中同时使用了多个版本的 jline 库时。因此，一种较为方便的解决办法是将 $HIVE_HOME/lib/jline-2.12.jar 同步至 $HADOOP_HOME/share/hadoop/yarn/lib/下：

```
[root@master conf]# cp $HIVE_HOME/lib/jline-2.12.jar $HADOOP_HOME/share/hadoop/yarn/lib
[root@slave1 conf]# cp $HIVE_HOME/lib/jline-2.12.jar $HADOOP_HOME/share/hadoop/yarn/lib
```

5）配置 Hive 服务端和客户端

特定场景下，需要使用 Hive JDBC 服务。因此，将 mysql-connector-java-5.1.47-bin.jar 拷贝纸 Hive 安装目录的 lib 下（$HIVE_HOME/lib）。当然，该 jar 包应该被放在需要与 MySQL 数据库通信的服务端应用程序的类路径中。

然后，配置 slave1 节点的 hive-site.xml 文件：

```
[root@slave1 conf]# vi hive-site.xml
```

将以下内容添加至 hive-site.xml 中：

```
<configuration>
  <property>
    <name>hive.metastore.warehouse.dir</name>
    <value>/usr/hive_remote/warehouse</value>
  </property>
  <property>
    <name>javax.jdo.option.ConnectionDriverName</name>
    <value>com.mysql.jdbc.Driver</value>
  </property>
  <property>
    <name>javax.jdo.option.ConnectionURL</name>
<value>jdbc:mysql://slave2:3306/hive?createDatabaseIfNotExist=true&amp;useSSL=false</value>
  </property>
  <property>
    <name>javax.jdo.option.ConnectionUserName</name>
    <value>root</value>
  </property>
```

```
    <property>
        <name>javax.jdo.option.ConnectionPassword</name>
        <value>123456</value>
    </property>
</configuration>
```

配置 master 节点的 hive-site.xml 文件：

```
<configuration>
    <property>
        <name>hive.metastore.warehouse.dir</name>
        <value>/usr/hive_remote/warehouse</value>
    </property>
    <property>
        <name>hive.metastore.local</name>
        <value>false</value>
    </property>
    <property>
        <name>hive.metastore.uris</name>
        <value>thrift://slave1:9083</value>
    </property>
</configuration>
```

完成配置后，初始化数据库，并启动 Hive 服务：

```
[root@slave1 conf]# schematool -dbType mysql -initSchema
[root@slave1 conf]# hive --service metastore
```

启动 Hive 服务后，由客户端(master)可进入 hive，此时可以创建一个数据库进行测试：

```
[root@master conf]# hive
...
hive> create database test;
OK
Time taken: 0.937 seconds
hive> show databases;
OK
default
```

```
test
Time taken: 0.181 seconds,Fetched: 2 row(s)
```

任务7.2 学会Hive数据存储

Hive通过其独特的数据存储方式，即基于Hadoop的文件系统（如HDFS）来存储数据，并利用Hadoop的分布式处理能力来加速数据查询。这一机制使得Hive能够处理PB级别的数据，同时保持较高的查询性能。学习Hive数据存储，将了解到Hive如何组织和管理存储在HDFS上的数据，包括数据表的创建、数据的分区、分桶等策略。这些策略不仅有助于优化查询性能，还能提高数据管理的灵活性。

1. Hive数据存储基本流程

下面我们从创建数据库和数据表、加载数据以及查询数据三个方面来进一步掌握数据存储的基本流程。

1）创建数据库和表

Hive是一个建立在Hadoop之上的数据仓库工具，它允许用户通过类SQL的查询语言（HiveQL）来查询和分析存储在Hadoop分布式文件系统（HDFS）上的大型数据集。Hive的数据存储模型基于表（Tables）和分区（Partitions），这些表映射到HDFS上的目录和文件，使得数据的组织和访问更加高效。

在Hive中，数据存储的基本单位是表。在创建表之前，可以创建一个数据库来组织相关的表。我们创建一个名为userdb的数据库，并在其中创建一个users表，用于存储用户的基本信息。表的字段包括ID、姓名、年龄、性别和地址，字段之间使用逗号分隔，并存储在文本文件中：

```
--创建数据库(如果不存在则创建)
CREATE DATABASE IF NOT EXISTS userdb;

--设置当前数据库
USE userdb;

--创建用户信息表
CREATE TABLE IF NOT EXISTS users (
    id INT,
    name STRING,
    age INT,
    gender STRING,
```

```
    address STRING
)
ROW FORMAT DELIMITED
FIELDS TERMINATED BY ','
STORED AS TEXTFILE;
```

2）加载数据

数据可以通过HiveQL的LOAD DATA语句从本地文件系统或HDFS加载到Hive表中。实验数据：

```
1,Alice,30,Female,123 Main St
2,Bob,25,Male,456 Elm St
3,Charlie,35,Male,789 Oak St
```

在实际操作中，通常不会将数据文件直接放在Hive仓库的表目录下，而是通过LOAD DATA语句指定数据文件的路径来加载数据：

```
--users.txt 文件已经放在 HDFS 的/user/hive/warehouse/userdb.db/目录下
--或者，你可以使用以下命令从本地加载数据到 HDFS 的指定位置
--hdfs dfs -put /path/to/local/users.txt /user/hive/warehouse/userdb.db/users/

--从 HDFS 加载数据到 users 表
LOAD DATA INPATH '/user/hive/warehouse/userdb.db/users/users.txt' INTO
TABLE users;
```

3）查询数据

加载数据后，可以使用HiveQL的SELECT语句来查询表中的数据：

```
--查询所有用户信息
SELECT * FROM users;

--查询特定用户(例如 ID 为 1 的用户)
SELECT * FROM users WHERE id=1;

--查询年龄大于 30 岁的用户
SELECT * FROM users WHERE age>30;
```

2. 内部表和外部表

在Hive中，表可以分为内部表（Internal Table，也称为管理表Managed Table）和外部表

(External Table)。这两种表类型在数据存储、数据管理和表删除时的行为上有所不同。

1) 创建内部表

内部表是 Hive 中最常见的表类型,它在创建时会在 Hive 的数据仓库中创建一个新表,并将数据存储在 Hive 管理的位置。Hive 会自动管理内部表的数据,包括数据的存储和位置。当删除内部表时,Hive 不仅会删除表的元数据(如表的结构信息),还会删除存储在 HDFS 中与表关联的数据。以下是创建内部表的实验数据和示例代码。

实验数据 employee_data. txt:

```
1,Alice,30,IT
2,Bob,25,HR
3,Charlie,35,Finance
```

示例代码:

```
--创建内部表
CREATE TABLE IF NOT EXISTS employee_internal (
    emp_id INT COMMENT '员工 ID',
    name STRING COMMENT '员工姓名',
    age INT COMMENT '员工年龄',
    department STRING COMMENT '部门'
)
ROW FORMAT DELIMITED FIELDS TERMINATED BY ','
STORED AS TEXTFILE
LOCATION '/user/hive/warehouse/employee_internal';

--加载数据(假设数据文件已存在于 HDFS 的指定位置)
LOAD DATA INPATH '/path/to/employee_data.txt' INTO TABLE employee_internal;

--查询内部表数据
SELECT * FROM employee_internal;

--删除内部表
DROP TABLE employee_internal; --这将删除表和数据
```

2) 创建外部表

外部表与内部表的主要区别在于数据的管理。外部表在创建时也会在 Hive 的数据仓库中创建一个表,但数据并不存储在 Hive 管理的位置,而是存储在用户指定的外部存储系统中(如 HDFS、S3 等)。外部表只是在 Hive 中创建了一个指向这些数据的指针。当删除外部表时，Hive仅删除表的元数据，而不会删除存储在外部存储系统中的数据。以下是创建外部表的示例代码(实验数据同内部表)：

```
--创建外部表
CREATE EXTERNAL TABLE IF NOT EXISTS employee_external (
    emp_id INT COMMENT '员工ID',
    name STRING COMMENT '员工姓名',
    age INT COMMENT '员工年龄',
    department STRING COMMENT '部门'
)
ROW FORMAT DELIMITED FIELDS TERMINATED BY ','
STORED AS TEXTFILE
LOCATION '/user/external/employee_data';

--查询外部表数据(不需要加载数据,因为数据已经存在)
SELECT * FROM employee_external;

--删除外部表
DROP TABLE employee_external; --这将仅删除表的元数据,不会删除数据
```

内部表适用于需要Hive全面管理数据的场景，如数据仓库和数据湖的建设，其中Hive负责数据的生命周期管理，包括删除、清理和维护。

外部表适用于数据已经存在于外部存储系统中，并且你只想在Hive中查询和分析这些数据，而不需要Hive管理数据的存储。外部表也常用于数据共享和集成，多个团队可以通过外部表访问同一数据源。

3. 分区表和分桶表

在Hive中，分区表和分桶表是两种用于优化查询性能和组织数据的方式。分区表通过将数据划分为多个部分来减少查询时需要扫描的数据量，而分桶表则进一步在每个分区内部对数据进行组织，以便于更高效的抽样、排序等操作。

1) 创建分区表

分区表是根据表的某个或某些列的值将数据分成不同的部分(分区)。每个分区在HDFS上都是一个独立的目录，这样查询时就可以只扫描需要的分区，而不是整个表。

实验数据(2021_01_sales.txt)：

```
1,Laptop,1200.00,2021-01-01
2,Smartphone,600.00,2021-01-15
...
```

示例代码：

```
--创建分区表,假设我们根据年份和月份来分区
CREATE TABLE IF NOT EXISTS sales_partitioned (
    id INT,
    product STRING,
    amount DOUBLE,
    sale_date DATE
)
PARTITIONED BY (year INT, month INT)
ROW FORMAT DELIMITED
FIELDS TERMINATED BY ','
STORED AS TEXTFILE;

--加载数据到分区(假设数据文件已经准备好)
LOAD DATA INPATH '/path/to/2021_01_sales.txt' INTO TABLE sales_partitioned
PARTITION (year=2021,month=1);
LOAD DATA INPATH '/path/to/2021_02_sales.txt' INTO TABLE sales_partitioned
PARTITION (year=2021,month=2);

--查询特定分区的数据
SELECT * FROM sales_partitioned WHERE year=2021 AND month=1;

--查看表的分区信息
SHOW PARTITIONS sales_partitioned;
```

2）创建分桶表

分桶表是在分区的基础上，进一步在每个分区内部对数据进行分桶处理。每个桶在HDFS上都是一个文件，这样做可以使得数据在物理上更加有序，便于进行抽样、排序等操作。注意：分桶表通常与CLUSTERED BY和SORTED BY子句结合使用，并且需要指定桶的数量（通过BUCKETED BY和INTO子句）。

示例代码：

```
--第一步:创建数据表来模拟数据源
CREATE TABLE IF NOT EXISTS sales_temp (
    id INT,
    product STRING,
    amount DOUBLE,
```

```
    sale_date STRING, -- 注意这里使用 STRING 类型来简化示例，实际中可能需要
DATE类型
    year INT,
    month INT
)
ROW FORMAT DELIMITED
FIELDS TERMINATED BY ','
STORED AS TEXTFILE;

-- 加载一些示例数据到临时表(这里我们使用 INSERT VALUES 来模拟，实际中你可
能需要从文件加载)
INSERT INTO TABLE sales_temp VALUES
(1, 'Laptop', 1200.00, '2021-01-01', 2021, 1),
(2, 'Smartphone', 600.00, '2021-01-15', 2021, 1),
(3, 'Tablet', 800.00, '2021-01-20', 2021, 1),
(4, 'Headphones', 50.00, '2021-02-01', 2021, 2),
(5, 'Camera', 300.00, '2021-02-10', 2021, 2);

-- 第二步：创建分桶表
CREATE TABLE IF NOT EXISTS sales_bucketed (
    id INT,
    product STRING,
    amount DOUBLE,
    sale_date DATE -- 这里使用 DATE 类型，注意在插入时需要进行类型转换
)
PARTITIONED BY (year INT, month INT)
CLUSTERED BY (id) INTO 4 BUCKETS
ROW FORMAT DELIMITED
FIELDS TERMINATED BY ','
STORED AS ORC; -- 使用 ORC 格式以提高性能

-- 第三步：将数据从临时表插入到分桶表，并进行分桶和排序
-- 注意：Hive 中的 INSERT OVERWRITE 会覆盖目标分区中的所有数据，
-- 因此如果分区已存在数据，请确保这是你想要的行为。
INSERT OVERWRITE TABLE sales_bucketed PARTITION (year, month)
SELECT
```

```
    id,
    product,
    amount,
    --注意:这里需要将 sale_date 从 STRING 转换为 DATE 类型
    CAST(sale_date AS DATE) AS sale_date
FROM
    sales_temp
DISTRIBUTE BY id --指定分桶列
SORT BY id; --排序通常与分桶列相同,但这不是强制的,取决于你的需求

--第四步:查询分桶表数据
SELECT * FROM sales_bucketed WHERE year=2021 AND month=1;

--额外说明:查看 HDFS 上的分桶文件结构
--这通常是通过 Hadoop 的命令行工具(如 hdfs dfs -ls)来完成的,
--而不是通过 Hive SQL 查询。但是,你可以通过 Hive 的元数据信息来验证分区和桶的存在。
```

任务 7.3　学会 Hive 数据分析

Hive 的出现,为大数据的存储、查询和分析提供了一个强大的平台。通过 Hive,用户可以轻松地进行数据汇总、报表生成、数据挖掘等复杂的数据分析任务,而无需深入了解 Hadoop 底层的复杂架构和编程模型。

1. 基本查询操作

Hive 数据分析是数据仓库应用中至关重要的一环,它允许数据科学家和分析师通过 HiveQL(Hive 的查询语言,类似于 SQL)来执行复杂的查询和分析任务,从而从大数据集中提取有价值的信息和洞察。下面,我们将通过一些示例,来演示 Hive 数据分析的一些基本操作技能。

sales 表数据(sales. txt):

```
1,101,2023-01-01,1200.0,East
2,102,2023-01-01,800.0,West
3,101,2023-01-02,1500.0,East
4,103,2023-01-02,700.0,South
```

```
5,102,2023-01-03,900.0,West
6,101,2023-01-03,1300.0,East
7,104,2023-01-03,1100.0,North
```

products 表数据(products.txt)：

```
101,Laptop,Electronics
102,Smartphone,Electronics
103,Book,Books
104,Dress,Clothing
```

在实际操作中，需要将上述这些数据文件上传到 Hadoop HDFS 的指定路径，并使用 Hive 的 LOAD DATA 语句或 Hive 表创建时直接指定数据位置的方式将数据加载到 Hive 表中。先创建数据表：

```
CREATE TABLE IF NOT EXISTS sales (
    sale_id INT,
    product_id INT,
    sale_date DATE,
    amount DOUBLE,
    region STRING
)
ROW FORMAT DELIMITED
FIELDS TERMINATED BY ','
STORED AS TEXTFILE;

CREATE TABLE IF NOT EXISTS products (
    product_id INT,
    product_name STRING,
    category STRING
)
ROW FORMAT DELIMITED
FIELDS TERMINATED BY ','
STORED AS TEXTFILE;
```

上传并加载数据，注意在上传时要按照实际的本地路径和目标路径：

```
--上传并加载 sales 数据
hdfs dfs -put /path/to/local/sales.txt /user/hive/datas1/sales.txt
```

```
LOAD DATA INPATH '/user/hive/datas1/sales.txt' INTO TABLE sales;

-- 上传并加载 products 数据
hdfs dfs -put /path/to/local/ products.txt /user/hive/datas1/sales.txt
LOAD DATA INPATH '/user/hive/datas1/products.txt' INTO TABLE products;
```

示例 1:查询所有销售记录。

```
SELECT * FROM sales;
```

示例 2:查询特定日期的所有销售记录。

```
SELECT *
FROM sales
WHERE sale_date='2023-01-01';
```

2. 聚合分析

聚合分析是数据分析中的常用技术,用于计算数据的统计信息,如总和、平均值、最大值、最小值等。

示例 1:查询每个区域的总销售额。

```
SELECT region, SUM(amount) AS total_sales
FROM sales
GROUP BY region;
```

示例 2:查询每个产品的平均销售额和最高销售额。

```
SELECT product_id, AVG(amount) AS avg_sales, MAX(amount) AS max_sales
FROM sales
GROUP BY product_id;
```

3. 排序与过滤

排序和过滤是数据分析中的基本步骤,用于按特定顺序排列数据或根据条件筛选数据。

示例 1:查询总销售额最高的前五个区域。

```
SELECT region, SUM(amount) AS total_sales
FROM sales
GROUP BY region
ORDER BY total_sales DESC
LIMIT 5;
```

示例 2:查询销售额大于特定值的销售记录。

```
SELECT *
FROM sales
WHERE amount>1000.0;
```

4. 多表联合查询

多表联合查询允许你在一个查询中结合多个表的数据。这通常通过 JOIN 操作实现。

示例 1:查询每个产品的销售详情(包括产品名称和类别)。

```
SELECT s.sale_id, p.product_name, p.category, s.amount
FROM sales s
JOIN products p ON s.product_id=p.product_id;
```

5. 窗口函数

窗口函数是 HiveQL 中一种强大的功能,它允许你在结果集的窗口上进行计算,而不需要将行组合成单独的组。

示例 1:查询每个区域每天的销售排名(基于销售额)。这个查询将每个区域的销售记录按日期分组,并在每个分组内按销售额降序排列,然后为每个记录分配一个排名。

```
SELECT sale_date, region, amount,
       RANK() OVER (PARTITION BY sale_date, region ORDER BY amount
DESC) AS sales_rank
FROM sales;
```

6. 更多示例

示例 1:查询指定日期的销售总额。

```
SELECT sale_date, SUM(amount) AS total_sales
FROM sales
WHERE sale_date='2023-01-01'
GROUP BY sale_date;
```

示例 2:查询每个产品的销售总额。

```
SELECT product_id, SUM(amount) AS total_sales
FROM sales
GROUP BY product_id;
```

示例 3:查询每个区域和产品的平均销售额

```
SELECT region, product_id, AVG(amount) AS avg_sales
FROM sales
GROUP BY region, product_id;
```

示例 4:查询销售额超过 1 000 的记录,并按销售额降序排列。

```
SELECT *
FROM sales
WHERE amount>1000.0
ORDER BY amount DESC;
```

示例 5:查询每个区域在 2023 年 1 月的总销售额。

```
SELECT region, SUM(amount) AS total_sales_jan
FROM sales
WHERE sale_date BETWEEN '2023-01-01' AND '2023-01-31'
GROUP BY region;
```

示例 6:查询没有销售记录的产品(需要结合 products 表)。这个查询稍微复杂一些,因为它涉及两个表的联合。我们可以使用 LEFT JOIN 来找出在 sales 表中没有记录但在 products 表中存在的产品。

```
SELECT p.product_id, p.product_name
FROM products p
LEFT JOIN sales s ON p.product_id=s.product_id
WHERE s.product_id IS NULL;
```

示例 7:查询每个产品的最新销售记录。这个查询需要使用子查询或窗口函数来找到每个产品的最新销售日期,然后基于这个日期来过滤记录。这里我们使用窗口函数来实现。这个查询首先使用 WITH 子句(也称为公用表表达式或 CTE)来创建一个名为 RankedSales 的临时表,它包含了原始 sales 表的所有列以及一个额外的 rank 列,该列是通过在每个 product_id 分组内按 sale_date 降序排列来计算的。然后,它从 RankedSales 中选择 rank 为 1 的记录,即每个产品的最新销售记录。

```
WITH RankedSales AS (
  SELECT *,
         RANK() OVER (PARTITION BY product_id ORDER BY sale_date DESC)
AS rank
  FROM sales
```

```
)
SELECT *
FROM RankedSales
WHERE rank=1;
```

示例 8：表 orders，其中包含一个名为 items 的列，该列是一个数组类型，存储了订单中的每个商品 ID，现在需要查询每个订单中的商品 ID。

实验数据：

```
1,1001,'2023-01-01',[101,102,103]
2,1002,'2023-01-02',[104,105]
```

orders 表的结构如下：

```
CREATE TABLE orders (
    order_id INT,
    customer_id INT,
    order_date STRING,
    items ARRAY<INT>
);
```

使用 LATERAL VIEW ... EXPLODE 来查询每个订单中的商品 ID：

```
SELECT order_id, customer_id, order_date, item_id
FROM orders
LATERAL VIEW explode(items) order_items AS item_id;
```

在这个查询中，LATERAL VIEW explode(items) order_items AS item_id 是关键部分；explode(items)函数将 items 数组中的每个元素转换成多行；order_items 是这个临时表(或视图)的别名，它将在查询的其余部分中引用；AS item_id 指定了新列的名称，该列将包含 items 数组中的每个元素值。查询结果将是：

```
1,1001,'2023-01-01',101
1,1001,'2023-01-01',102
1,1001,'2023-01-01',103
2,1002,'2023-01-02',104
2,1002,'2023-01-02',105
```

现在，每个订单现在都被“展开”成了多行，每行代表订单中的一个商品 ID。这使得对订单中的商品进行进一步分析变得更加容易。

练习题

(1) 安装 JDK、Hadoop、MySQL(用于 Hive 元数据管理),然后下载并解压 Hive 安装包,配置 hive-site. xml 等文件,启动 Hive 服务。

(2) 创建一个包含基本类型字段的 Hive 表,并加载 CSV 数据。

以下是表结构和实验数据:

```
create table students (
  id int,
  name string,
  age int,
  grade float
)
row format delimited
fields terminated by ',';

-- 示例 CSV 数据
1,Alice,20,92.5
2,Bob,22,88.0
3,Tom,22,89.0
```

(3) 创建并加载员工信息表,命名为 employees 表。

以下是表结构和实验数据:

```
-- 员工信息数据(employees.txt)
1,John Doe, Sales,30000
2,Jane Smith, HR,40000
3,Mike Johnson, Engineering,50000
4,Emily Davis, Marketing,45000
```

(4) 使用分区表存储销售数据,分区表命名为 sales。

以下是表结构和实验数据:

```
-- 2021 年销售数据(sales_2021_Q1.txt)
1,2021-01-15,ProductA,100
2,2021-02-20,ProductB,150
3,2021-03-10,ProductA,75
```

```
--2021 年第二季度销售数据(sales_2021_Q2.txt)
4,2021-04-15,ProductC,200
5,2021-05-20,ProductA,120
6,2021-06-10,ProductB,80
```

(5) 查询每个部门的平均工资。数据使用员工信息数据(employees.txt)。

(6) 找出 2021 年销售额最高的产品。数据使用第 3 题中的 sales 表,分区已包含年份信息。

(7) 分析员工薪资分布,计算不同薪资区间的员工数量。数据使用第 2 题中的 employees 表。

(8) 计算每个季度相比前一个季度的销售额增长率。数据使用 sales 表。

项目 8

数据可视化技术

项目概述

本项目共包括 3 个任务，主要涉及 Python 数据可视化常用工具 Matplotlib、Seaborn、Pyecharts。

项目目标

- 掌握 Matplotlib 库
- 掌握 Seaborn 库
- 掌握 Pyecharts 库

任务 8.1　掌握 Matplotlib 库

Matplotlib 是 Python 中一个非常流行的绘图库，它提供了一个类似于 MATLAB 的绘图系统。Matplotlib 能够生成出版质量级别的图形，用于数据可视化、图表展示等场景。无论是简单的线图、散点图，还是复杂的直方图、箱线图、热力图等，Matplotlib 都能轻松应对。

1. Matplotlib 基本用法

Matplotlib 是数据分析和科学计算领域中不可或缺的工具之一，尤其适用于数据可视化、报告制作以及结果展示等场景。下面将介绍如何使用 Matplotlib 库对各类基本图标进行绘制，以及一些高级图标的绘制方法。

1）绘制基本图表

数据可视化是连接数据与洞察的桥梁，它帮助分析师、科学家及决策者快速理解复杂数据背后的模式和趋势。Matplotlib 库是 Python 中最基础也是应用最广泛的数据可视化库之一，它提供了一个类似于 MATLAB 的绘图系统，能够生成高质量的图表，包括线图、散点图、柱状图、饼图等。

Matplotlib 的绘图流程通常包括以下几个步骤：

(1) 导入库:导入 matplotlib. pyplot 模块,通常简写为 plt。

(2) 准备数据:准备或加载你要可视化的数据。

(3) 创建图表:使用 plt 提供的函数创建图表框架。

(4) 添加图表元素:如标题、坐标轴标签、图例等。

(5) 显示图表:使用 plt. show()显示图表。

下面,通过一个具体的例子来展示如何使用 matplotlib 绘制基础折线图。

示例:绘制基础折线图。现有一组时间序列数据,记录了某商品一周内的日销量,我们用折线图将其可视化,可视化效果如图 8-1 所示。

```
# 导入 matplotlib. pyplot
import matplotlib. pyplot as plt

# 准备数据
days=['Mon', 'Tue', 'Wed', 'Thu', 'Fri', 'Sat', 'Sun']
sales=[20,22,18,25,30,40,35]

# 创建图表
plt. figure(figsize=(10,6))  # 设置图表大小

# 绘制折线图
plt. plot(days, sales, marker='o', linestyle='-', color='b')  # marker 为标记样式,
linestyle 为线型,color 为颜色

# 添加图表元素
plt. title('Weekly Sales of a Product')  # 添加标题
plt. xlabel('Day of the Week')  # 添加 x 轴标签
plt. ylabel('Number of Sales')  # 添加 y 轴标签
plt. grid(True)  # 显示网格
plt. xticks(days, rotation=45)  # 设置 x 轴刻度标签并旋转 45 度
plt. legend(['Sales'])  # 显示图例

# 显示图表
plt. show()
```

2) 绘制组合图

Matplotlib 同样支持在一张图表中绘制多种类型的图形,以实现更丰富的数据展示。下面,我们在同一个图表中绘制销量折线图和平均销量水平线,其可视化效果如图 8-2 所示。

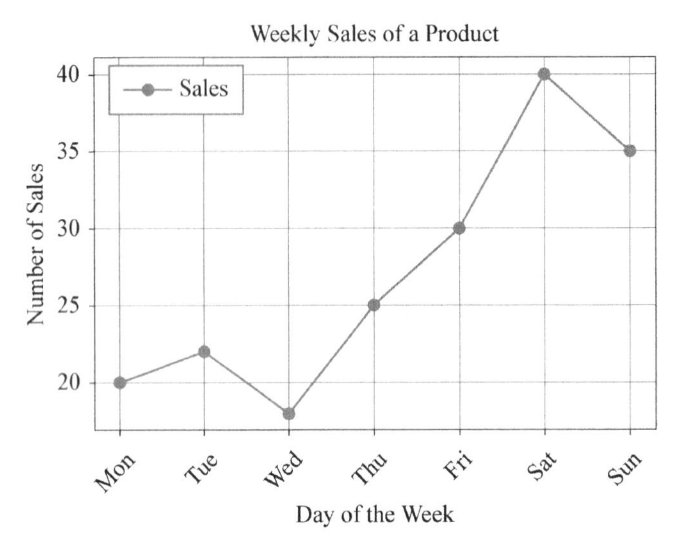

图 8-1　商品一周内的日销量折线图

```
# 假设平均销量为 27
average_sales=27

# 绘制折线图
plt.plot(days, sales, marker='o', linestyle='-', color='b', label='Daily Sales')

# 绘制平均销量水平线
plt.axhline(y=average_sales, color='r', linestyle='--', label='Average Sales')

# 添加图表元素和显示图例
plt.title('Weekly Sales of a Product with Average')
plt.xlabel('Day of the Week')
plt.ylabel('Number of Sales')
plt.grid(True)
plt.xticks(days, rotation=45)
plt.legend()

# 显示图表
plt.show()
```

上述示例展示了 Matplotlib 在数据可视化中的基础应用，包括绘制折线图、设置图表元素及绘制组合图。Matplotlib 强大的功能远不止于此，它还支持更复杂的图表类型（如

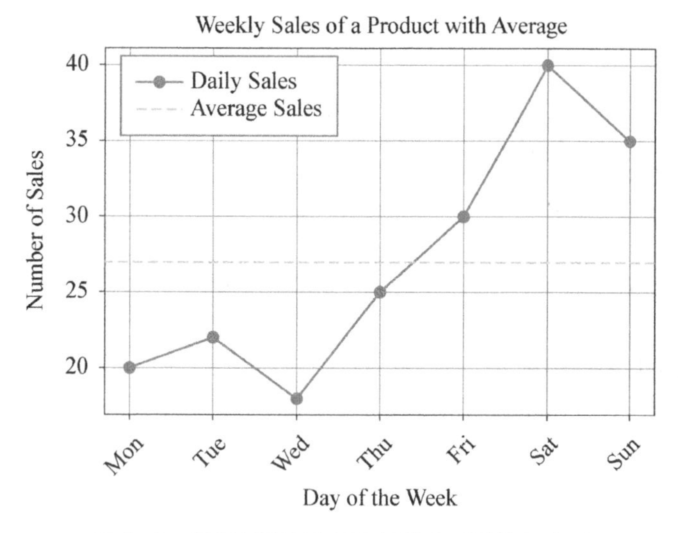

图8-2 销量折线图和平均销量水平线的组合图

散点图、柱状图、饼图等)以及高度自定义的图表样式,是数据分析和科学研究中不可或缺的工具之一。

2. 绘制更多图表类型

Matplotlib是一个Python的绘图库,它提供了大量的图表类型来帮助用户进行数据可视化。这些图表类型包括但不限于折线图、散点图、柱状图、直方图、饼图、箱形图等。下面将以几种常见的图表类型为例,演示如何应用Matplotlib库进行数据可视化展示。

1) 折线图

折线图(Line Plot)是一种非常基础且常用的图表类型,用于展示数据随时间或其他连续变量的变化趋势。以下是使用Matplotlib绘制折线图的示例。

(1) 准备数据:定义 x 轴(通常是时间或连续变量)和 y 轴(通常是对应的测量值)的数据。

(2) 创建图形:使用plt. figure()创建一个图形对象(可选,但在需要调整图形大小时很有用)。

(3) 绘制折线图:使用plt. plot()函数绘制折线图。

(4) 设置图表标题和坐标轴标签:使用plt. title()、plt. xlabel()和plt. ylabel()函数。

(5) (可选)添加图例:如果图表中有多个数据集,可以使用plt. legend()添加图例。

(6) 显示图表:使用plt. show()显示图表,可视化效果见图8-3。

```
import matplotlib.pyplot as plt

# 准备数据
x=[1,2,3,4,5,6,7,8,9,10]  # x轴数据,例如时间或连续变量
```

```
y=[1,4,9,16,25,36,49,64,81,100]  # y轴数据,例如对应的测量值

# 创建图形(可选,但在此示例中用于设置图形大小)
plt.figure(figsize=(10,6))

# 绘制折线图
plt.plot(x, y, marker='o', linestyle='-', color='b', label='y=x^2')

# 设置图表标题和坐标轴标签
plt.title('Line Plot Example')
plt.xlabel('X Axis')
plt.ylabel('Y Axis')

# 添加图例
plt.legend()

# 显示图表
plt.show()
```

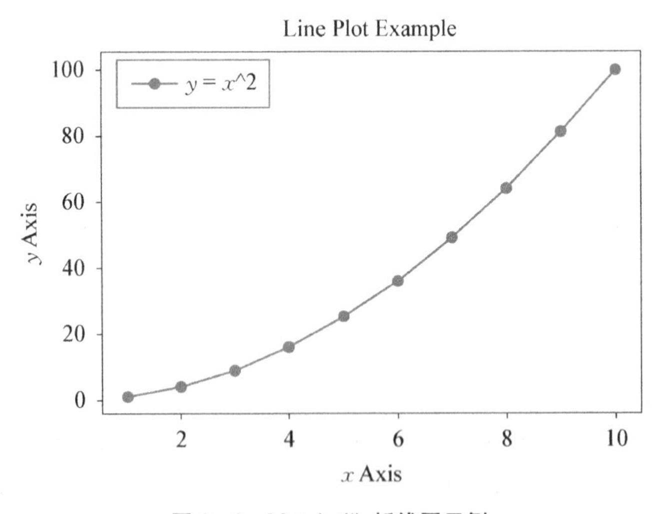

图 8-3 Matplotlib 折线图示例

其中,plt.plot() 函数中的 marker='o' 表示在数据点上添加圆圈标记,linestyle='-' 表示线条样式为实线,color='b' 表示线条颜色为蓝色,label='y=x^2'用于在图例中显示该数据集的标签。如果你的数据是时间序列数据,并且你希望 x 轴自动格式化以显示日期或时间,你可能需要使用 matplotlib.dates 模块来解析日期字符串或日期时间对象,并使

用 plt. gca(). xaxis. set_major_formatter()或 plt. gcf(). autofmt_xdate()等函数来格式化 x 轴。Matplotlib 的功能非常强大，通过调整 plt. plot()函数中的参数，你可以轻松自定义折线图的样式，包括线条宽度、标记样式、颜色等。

2）散点图

散点图(Scatter Plot)是一种用于展示两个变量之间关系的图表类型。在散点图中，每个数据点由其在水平轴(x 轴)和垂直轴(y 轴)上的位置表示，从而可以直观地看出两个变量之间的关系，如相关性、分布等。以下是使用 Matplotlib 绘制散点图的示例。

（1）准备数据：定义两组数值数据，分别作为 x 轴和 y 轴的坐标。

（2）创建图形：使用 plt. figure()创建一个图形对象(可选，用于设置图形大小或样式)。

（3）绘制散点图：使用 plt. scatter()函数绘制散点图。

（4）设置图表标题和坐标轴标签：使用 plt. title()、plt. xlabel()和 plt. ylabel()函数。

（5）（可选）自定义散点图样式：通过 plt. scatter()函数的参数来自定义散点图的样式，如点的颜色、大小、形状等。

（6）显示图表：使用 plt. show()显示图表，可视化效果如图 8-4 所示。

```
import matplotlib.pyplot as plt
import numpy as np

# 准备数据
# 生成两组随机数据作为 X 轴和 Y 轴的坐标
x=np.random.randn(100)
y=2*x+np.random.randn(100)*0.5  # 示例：y 是 x 的两倍加上一些噪声

# 创建图形
plt.figure(figsize=(10,6))

# 绘制散点图
# c 参数用于指定点的颜色(可以是颜色名称、颜色代码或颜色数组)
# s 参数用于指定点的大小
# alpha 参数用于指定点的透明度
# marker 参数用于指定点的形状
plt.scatter(x,y,c='red',s=50,alpha=0.7,marker='o')

# 设置图表标题和坐标轴标签
plt.title('Scatter Plot Example')
plt.xlabel('x Axis')
```

```
plt.ylabel('y Axis')

# 显示网格(可选)
plt.grid(True)

# 显示图表
plt.show()
```

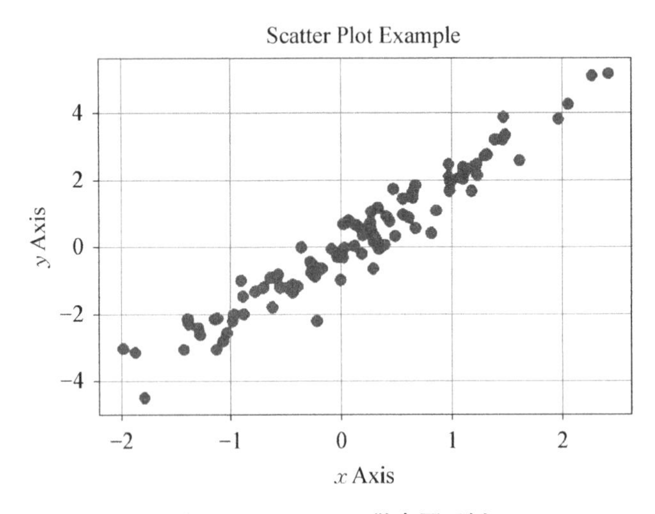

图 8-4 Matplotlib 散点图示例

plt.scatter()函数的 c 参数允许你为散点图中的每个点指定颜色。你可以使用单一颜色,也可以是一个颜色数组,以便根据数据点的某些属性(如值)来变化颜色。s 参数用于控制点的大小,可以是一个标量或数组。如果是数组,则每个点的大小会根据数组中的值进行变化。alpha 参数用于控制点的透明度,范围是 0(完全透明)到 1(完全不透明)。marker 参数用于指定点的形状,如'o'(圆形)、'^'(上三角)、'*'(星形)等。Matplotlib 提供了多种预定义的形状供选择。散点图非常适合于观察数据点之间的趋势或模式,特别是在数据量不是非常大时。如果数据量非常大,可能需要考虑使用其他类型的图表或进行数据聚合。

3) 柱状图

柱状图(Bar Chart)是一种用于展示不同类别之间数值差异的图表类型。在柱状图中,每个类别的数值由一个垂直或水平的柱子表示,柱子的高度(或长度)与数值成正比。以下是使用 Matplotlib 绘制柱状图的示例。

(1) 准备数据:定义分类的类别和对应的数值。

(2) 创建图形:使用 plt.figure()创建一个图形对象(可选,但通常用于设置图形大小或样式)。

(3) 绘制柱状图:使用 plt.bar()或 plt.barh()(对于水平柱状图)函数绘制柱状图。

(4) 设置图表标题和坐标轴标签:使用 plt. title()、plt. xlabel()和 plt. ylabel()函数。

(5) (可选)添加数据标签:使用 plt. text()或 ax. bar_label()(Matplotlib 3.4+)为每个柱子添加数值标签。

(6) (可选)添加图例:如果图表中有多个数据集(例如堆叠柱状图),可以使用 plt. legend()添加图例。

(7) 显示图表:使用 plt. show()显示图表,可视化效果见图 8-5。

```
import matplotlib.pyplot as plt

# 准备数据
categories=['A','B','C','D','E']
values=[23,45,56,78,90]

# 创建图形
plt.figure(figsize=(10,6))

# 绘制柱状图
bars=plt.bar(categories, values, color='skyblue')

# 为每个柱子添加数值标签(可选)
for bar in bars:
    height=bar.get_height()
    plt.text(bar.get_x()+bar.get_width()/2.0, height, height, ha='center', va=
'bottom')

# 设置图表标题和坐标轴标签
plt.title('Bar Chart Example')
plt.xlabel('Categories')
plt.ylabel('Values')

# 显示图表
plt.show()
```

在 plt. bar()函数中,第一个参数是类别的位置(或标签),第二个参数是对应的数值。你可以通过传递一个额外的 tick_label 参数来直接设置 x 轴的标签,但这通常不是必要的,因为 Matplotlib 会自动为类别分配位置。在为柱子添加数值标签时,bar. get_x()返回柱子的 x 坐标(即类别的位置),bar. get_width()返回柱子的宽度。我们将这些值用于计算标签的 x 坐标(即柱子中心的位置)。

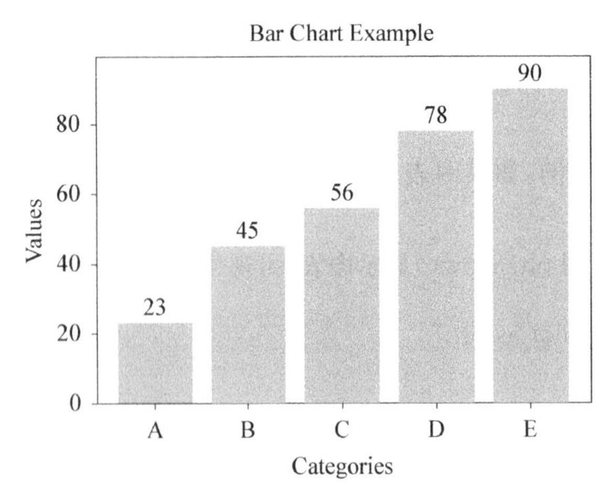

图 8－5　Matplotlib 柱状图示例

4）直方图

直方图（Histogram）是一种用于展示数据分布情况的图表类型。在直方图中，数据被分成若干个连续的区间（或称为“桶”或“组”），然后统计每个区间内数据的数量，并以柱子的形式表示出来。以下是使用 Matplotlib 绘制直方图的示例。

（1）准备数据：定义一组数值数据。

（2）创建图形：使用 plt. figure()创建一个图形对象（可选，但通常用于设置图形大小或样式）。

（3）绘制直方图：使用 plt. hist()函数绘制直方图。

（4）设置图表标题和坐标轴标签：使用 plt. title()、plt. xlabel()和 plt. ylabel()函数。

（5）（可选）自定义直方图样式：通过 plt. hist()函数的参数来自定义直方图的样式，如柱子颜色、边框颜色、透明度等。

（6）显示图表：使用 plt. show()显示图表，可视化效果如图 8－6 所示。

```
import matplotlib.pyplot as plt
import numpy as np

# 准备数据
# 生成一组正态分布的随机数据
data=np.random.randn(1000)

# 创建图形
plt.figure(figsize=(10,6))

# 绘制直方图
# bins 参数指定分组的数量
```

```
# alpha 参数指定透明度
# color 参数指定柱子的颜色
# edgecolor 参数指定边框的颜色
# linewidth 参数指定边框的宽度
# 返回值 n, bins, patches 中, n 是每个组的数量, bins 是分组的边界, patches 是每个柱子的 Patch 对象
n, bins, patches=plt.hist(data, bins=30, alpha=0.75, color='skyblue', edgecolor='black', linewidth=1)

# (可选)添加直方图的数值标签
for i in range(len(patches)):
    plt.text(bins[i], n[i], f"\n{n[i]}", va='center', ha='right', fontsize=10, color='black')

# 设置图表标题和坐标轴标签
plt.title('Histogram Example')
plt.xlabel('Value')
plt.ylabel('Frequency')

# 显示图表
plt.show()
```

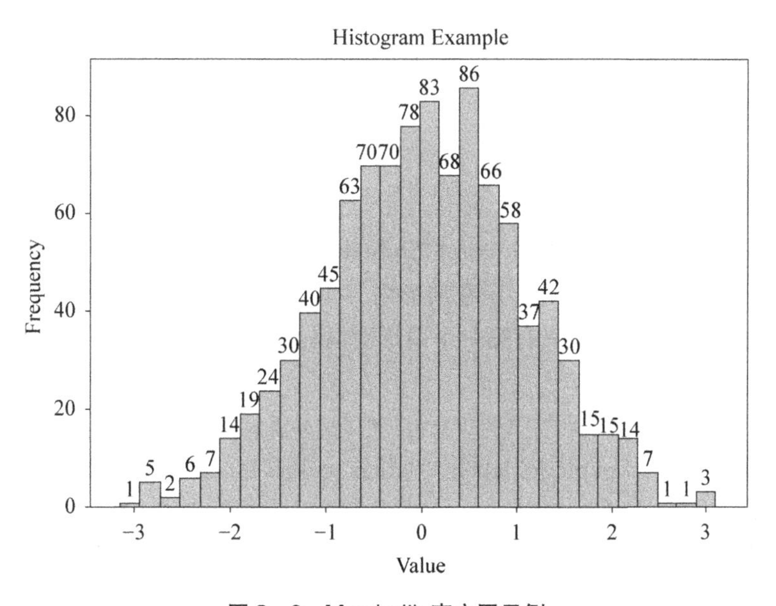

图 8-6 Matplotlib 直方图示例

plt.hist()函数的 bins 参数指定了分组的数量，也可以是一个序列，直接指定每个区间的边界。返回值中的 n 是一个数组，表示每个组的数量；bins 是一个数组，表示每个区间的边界；patches 是一个列表，包含每个柱子的 Patch 对象，可以用于进一步的自定义或添加标签。在添加数值标签时，我们遍历 patches 列表(或直接使用 n 和 bins)，并计算每个标签的位置。由于直方图的柱子通常是垂直的，因此标签的 x 坐标是区间的右边界(或中间位置，根据需要调整)，y 坐标是柱子的高度。

5) 饼图

饼图(Pie Chart)是一种用于展示数据比例关系的图表类型。在饼图中，每个扇形的面积大小代表数据的比例，而扇形的标签则用于说明各数据部分的具体内容。以下是使用 Matplotlib 绘制饼图的示例。

(1) 准备数据：定义一组数据，这组数据将用于表示饼图中各个扇形的面积比例。

(2) 创建图形：使用 plt.figure()创建一个图形对象(可选，但通常用于设置图形大小或样式)。

(3) 绘制饼图：使用 plt.pie()函数绘制饼图。

(4) 添加标签：使用 plt.legend()或直接在饼图上添加文本标签来说明每个扇形的含义。

(5) (可选)自定义饼图样式：通过 plt.pie()函数的参数来自定义饼图的样式，如颜色、阴影、标签位置等。

(6) 显示图表：使用 plt.show()显示图表，可视化效果如图 8-7 所示。

```
import matplotlib.pyplot as plt

# 准备数据
# 饼图各部分的比例
sizes=[15,30,45,10]
# 饼图各部分对应的标签
labels=['Frogs','Hogs','Dogs','Logs']
# 饼图各部分的颜色
colors=['gold','yellowgreen','lightcoral','lightskyblue']
# 饼图是否自动计算百分比并显示在扇形内
explode=(0.1,0,0,0)  # 只有第一个扇形会“爆炸”出来

# 绘制饼图
plt.pie(sizes, explode=explode, labels=labels, colors=colors, autopct='%1.1f%%',
shadow=True, startangle=140)

# 设置标题
```

```
plt.title('Pie Chart Example')

# 显示图表
plt.axis('equal')  # 确保饼图是圆形的
plt.show()
```

plt.pie()函数的 sizes 参数用于指定饼图中各个扇形的面积比例。explode 参数用于指定哪些扇形会从饼图中“爆炸”出来，即与饼图中心有一定的间隔。它应该是一个与 sizes 长度相同的序列，每个元素对应一个扇形是否“爆炸”以及“爆炸”的距离。labels 参数用于指定饼图中各个扇形的标签。colors 参数用于指定饼图中各个扇形的颜色。autopct 参数用于控制是否自动计算百分比并显示在扇形内，以及百分比的格式。shadow 参数用于指定饼图是否带有阴影。startangle 参数用于指定饼图的起始角度（以度为单位），默认是从 x 轴正方向开始逆时针绘制。使用 plt.axis('equal')可以确保饼图是圆形的，而不是椭圆形的。这是因为默认情况下，Matplotlib 的坐标轴会根据数据的范围自动调整比例，而饼图需要等比例的坐标轴来保持其形状。

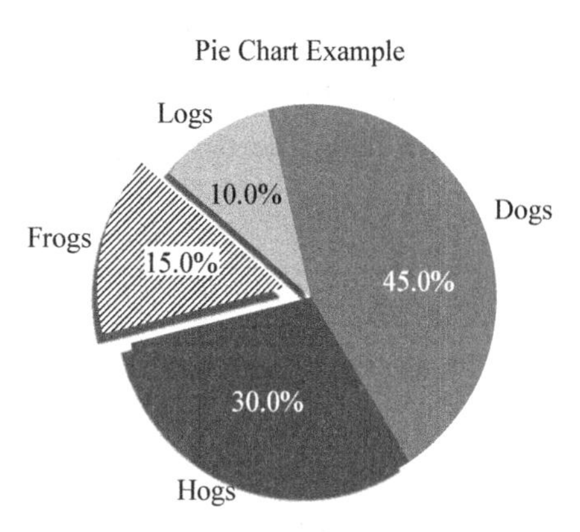

图 8-7　Matplotlib 饼图示例

6）箱形图

箱形图（Box Plot），也叫箱线图、何须图，是一种用于展示数据分布情况的图表类型。箱形图通过绘制数据的四分位数来显示数据的分布情况，包括最小值、第一四分位数（Q1，即 25％分位数）、中位数（Q2，即 50％分位数）、第三四分位数（Q3，即 75％分位数）和最大值。此外，箱形图还可以显示异常值（通常定义为小于 Q1－1.5IQR 或大于 Q3＋1.5IQR 的数据点，其中 IQR 是四分位距，即 Q3－Q1）。以下是使用 Matplotlib 绘制箱形图的示例。

（1）准备数据：定义一组或多组数据，这些数据将用于绘制箱型图。

（2）创建图形：使用 plt.figure()创建一个图形对象（可选，但通常用于设置图形大小或样式）。

（3）绘制箱型图：使用 plt.boxplot()函数绘制箱型图。

（4）（可选）添加标签：使用 plt.xticks()设置 x 轴的刻度标签，以说明每组数据的含义。

（5）（可选）自定义箱型图样式：通过 plt.boxplot()函数的参数来自定义箱型图的样式，如颜色、标签位置等。

（6）显示图表：使用 plt.show()显示图表，可视化效果如图 8-8 所示。

```
import matplotlib.pyplot as plt
import numpy as np

# 准备数据
# 假设我们有三组数据
data=[
    np.random.normal(100,10,200),   # 第一组数据,均值为 100,标准差为 10
    np.random.normal(110,20,200),   # 第二组数据,均值为 110,标准差为 20
    np.random.normal(120,30,200)    # 第三组数据,均值为 120,标准差为 30
]

# 创建图形
plt.figure(figsize=(10,6))

# 绘制箱型图
# labels 参数用于设置 x 轴的刻度标签
plt.boxplot(data,labels=['Group 1','Group 2','Group 3'])

# 添加标题
plt.title('Box Plot Example')

# 显示图表
plt.show()
```

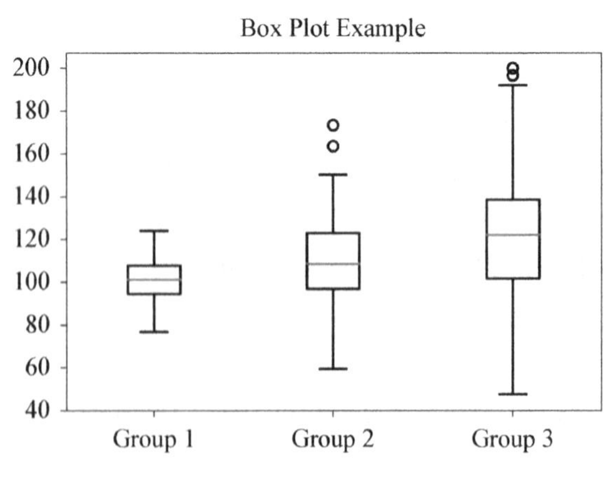

图 8-8 Matplotlib 箱线图示例

plt.boxplot()函数的 data 参数接受一个列表(或列表的列表),其中每个元素都是一组数据,用于绘制一个箱型图。labels 参数用于指定 x 轴的刻度标签,以说明每组数据的含义。箱型图通过四分位数来展示数据的分布情况,其中箱体的底部和顶部分别代表第一四分位数(Q1)和第三四分位数(Q3),箱体中的线代表中位数(Q2)。异常值(也称为离群点)通常不会绘制在箱体内,而是用单独的标记(如圆圈)表示在箱体的上方或下方。

任务 8.2 掌握 Seaborn 库

Seaborn 是基于 Matplotlib 的一个 Python 数据可视化库,它提供了一个高级接口,用于绘制更加吸引人的统计图形。Seaborn 库通过简洁的 API 封装了 Matplotlib 的大部分功能,使得绘制各种复杂的统计图表变得简单快捷。如果已经掌握了 Matplotlib 的用法,那么学习 Seaborn 将会更加得心应手。

1. Seaborn 知识概述

Seaborn 是基于 matplotlib 的高级绘图库,它提供了更多的绘图样式和更高层次的接口,使得数据可视化更加美观和便捷。Seaborn 的设计初衷是为了让统计图形更加美观和易于理解,同时减少了制作复杂图表所需的代码量。

首先,确保你已经安装了 seaborn 和 matplotlib(因为 seaborn 是基于 matplotlib 的)。如果未安装,可以通过 pip 命令安装。为了便于说明 Seaborn 库的用法,在后续的代码示例中我们将使用 Seaborn 自带的数据集之一——tips 数据集,它包含了餐厅小费的数据。

2. 数据分布的可视化

在数据分布的可视化中,seaborn 的 displot()函数是一个非常强大的工具,它允许你轻松地绘制直方图、核密度估计(KDE)图或两者的结合,以展示数据的分布情况。可以使用以下代码来绘制直方图和核密度估计图:

```
import numpy as np
import seaborn as sns
import matplotlib.pyplot as plt

# 生成模拟数据
# 假设我们有一个服从正态分布(均值为 100,标准差为 20)的随机数据集
np.random.seed(42)  # 设置随机种子以确保结果可复现
data=np.random.normal(loc=100, scale=20, size=1000)

# 使用 seaborn 的 displot 函数绘制直方图和核密度估计图
```

```
sns.set(style="whitegrid")  # 设置 seaborn 的绘图风格
sns.displot(data=data, kde=True, bins=30)

# 添加标题和轴标签
plt.title('Distribution of Simulated Data with KDE')
plt.xlabel('Value')
plt.ylabel('Frequency')

# 显示图表
plt.show()
```

其可视化效果如图 8-9 所示。

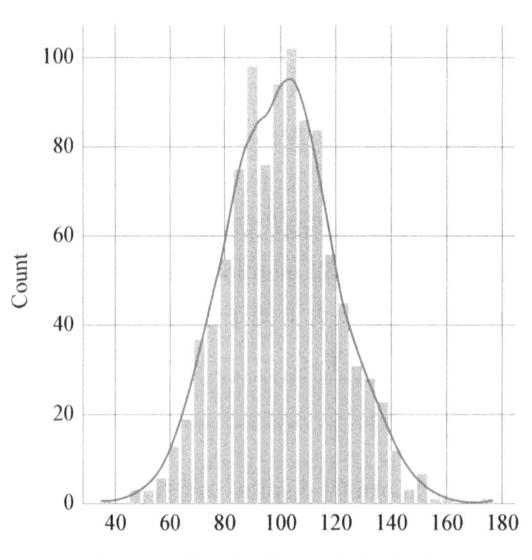

图 8-9　直方图、核密度估计图示例

在上述示例中，首先需要导入必要的库：numpy 用于生成模拟数据、seaborn 用于数据可视化、以及 matplotlib.pyplot 用于显示图表。然后，使用 numpy.random.normal 函数生成了一个服从正态分布的随机数据集 data，该数据集包含 1 000 个观测值，均值为 100，标准差为 20。接着，使用 seaborn 的 displot 函数来绘制这个数据集的直方图和核密度估计图。通过设置 kde=True，指定 displot 同时绘制 KDE 图，还通过 bins=30 参数指定了直方图的箱数。为了增强图表的可读性，使用 plt.title()、plt.xlabel()和 plt.ylabel()函数添加了标题和轴标签。最后，使用 plt.show()函数显示图表。

3. 关系探索的可视化

在关系探索的可视化中，seaborn 的 relplot 函数是一个强大的工具，它允许你绘制散点图、线图或两者的组合，以探索两个或多个变量之间的关系。下面，我们生成一些模拟数据来代表两个变量之间的关系，然后使用 relplot 来绘制这些数据的散点图和线图。

```
import numpy as np
import seaborn as sns
import matplotlib.pyplot as plt

# 生成模拟数据
# 假设我们有两个变量 x 和 y，它们之间存在一定的线性关系，但加入了一些随机噪声
np.random.seed(42)
x=np.linspace(0,10,100)
y=2*x+np.random.normal(size=100)  # 线性关系加上正态分布的噪声

# 为了展示不同组的情况，我们可以添加一个分类变量
group=np.repeat(['A','B'],50)  # 假设数据分为两组

# 使用 relplot 绘制散点图和线图
# kind='scatter' 表示绘制散点图，如果设置为'line'则绘制线图，但这里我们可以使用
hue 参数来自动为每个组绘制线图
sns.relplot(x=x, y=y, hue=group, kind='scatter', palette='coolwarm', markers=
['o','s'])
sns.relplot(x=x,y=y,hue=group,kind='line',palette='coolwarm')

# 注意：由于 relplot 是为分组数据设计的，当绘制线图时，它会自动连接同一组的点
# 如果你只想展示一个线图，可以直接使用 matplotlib 或 seaborn 的 lineplot

# 为了清晰地展示，我们将散点图和线图分开绘制，但在实际使用中，你可能只选择其
中一种

# 单独绘制散点图
plt.figure(figsize=(8,6))
sns.scatterplot(x=x,y=y,hue=group,palette='coolwarm',markers=['o','s'])
plt.title('Scatter Plot of x vs y by Group')
plt.xlabel('x')
plt.ylabel('y')
plt.show()
```

```
# 单独绘制线图
plt.figure(figsize=(8,6))
sns.lineplot(x=x, y=y, hue=group, palette='coolwarm', marker='o')  # 使用lineplot并添加标记以与散点图相似
plt.title('Line Plot of x vs y by Group')
plt.xlabel('x')
plt.ylabel('y')
plt.legend(title='Group')  # 添加图例标题
plt.show()
```

部分可视化结果如图 8-10、图 8-11 所示。

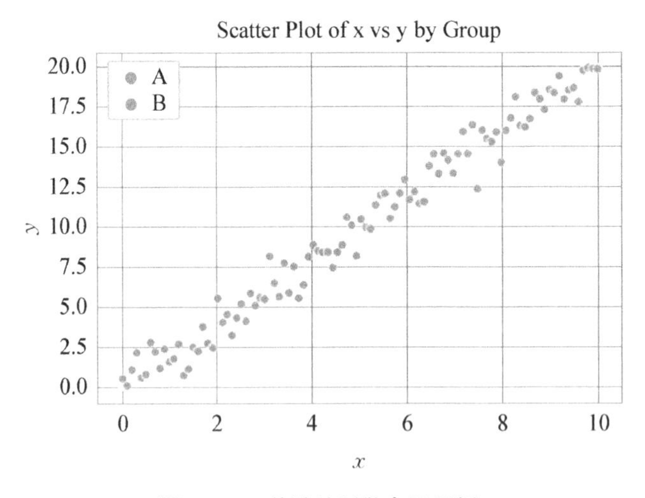

图 8-10 单独绘制散点图示例

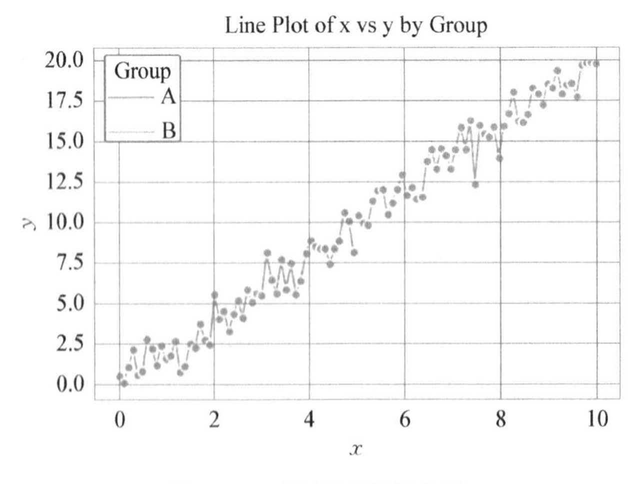

图 8-11 单独绘制线图示例

需要注意的是，relplot 通常用于绘制分组数据的多个子图或带有置信区间的线图，并且在只绘制线图时，它会自动为每个组绘制单独的线。但在上面的示例中，为了清晰地展示散点图和线图，我们分别使用了 scatterplot 和 lineplot 函数，并手动添加了图例标题和标记。在学习阶段，分开绘制散点图和线图，这样做更清晰，也更容易理解每个图表的含义。

4. 美学定制

在 Seaborn 中，美学定制是一个强大的功能，它允许你通过调整颜色主题、样式和上下文来定制图表的外观。这不仅可以提升图表的美观性，还可以帮助大家更好地理解数据。下面，我们通过一个具体示例，来展示如何设置 Seaborn 的风格并绘制一个热力图，可视化效果如图 8-12 所示。

```
import seaborn as sns
import matplotlib.pyplot as plt
import numpy as np


# 设置 Seaborn 的样式
# Seaborn 提供了多种预设的样式，如:darkgrid, whitegrid, dark, white, ticks
sns.set_style("whitegrid")  # 设置背景为白色网格


# 生成模拟数据
# 这里我们创建一个简单的二维数组作为示例数据
data=np.random.rand(10,12)  # 10 行 12 列的随机数组


# 绘制热力图
# cmap 参数用于指定颜色映射，这里使用'coolwarm'作为示例
sns.heatmap(data, cmap='coolwarm', annot=True, fmt=".2f")


# annot=True 表示在热力图上添加数值标签
# fmt=".2f"用于控制数值标签的格式，这里保留两位小数


# 显示图表
plt.title('Heatmap Example')
plt.show()
```

在上述示例中，通过 sns.set_style("whitegrid")设置了 Seaborn 的样式为 whitegrid，这意味着图表将有一个白色的背景和灰色的网格线。然后，使用 numpy 生成了一个 10 行 12 列的随机数组作为热力图的数据。接下来，通过使用 sns.heatmap()函数绘制了热力图，并通过 cmap='coolwarm'参数指定了颜色映射为 coolwarm(一种从冷色调过渡到暖色

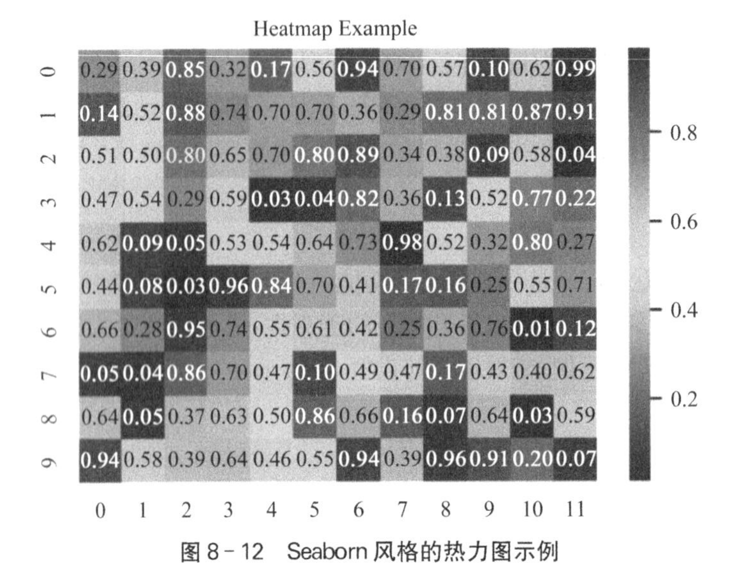

图 8-12　Seaborn 风格的热力图示例

调的颜色映射)。之后还设置了 annot＝True，用于在热力图上添加数值标签，并通过 fmt＝".2f"参数控制数值标签的格式为保留两位小数。最后，使用 plt.title()添加了图表的标题，并通过 plt.show()显示了图表。通过调整 seaborn.set_style()、seaborn.heatmap()等函数的参数，可以轻松地定制出符合特定需求的图表美学。

任务 8.3　掌握 Pyecharts 库

掌握 Pyecharts 库，首先需要了解其基本特性、安装方法、使用方式以及应用场景。下面，我们来看 Pyecharts 库的详细介绍。

1. Pyecharts 知识概述

Pyecharts 是由百度开源的 Echarts 库移植到 Python 中的一个项目，旨在为 Python 开发者提供便捷的数据可视化工具。Echarts 本身是一个基于 JavaScript 的开源可视化库，因其良好的交互性和精美的图表设计而广受开发者喜爱。以下是 Pyecharts 的特点：

(1) 简洁的 API 设计：支持链式调用，使得代码更加简洁易读。

(2) 丰富的图表类型：包括柱状图、折线图、饼图、散点图、地图、热力图等多种图表类型，满足不同的数据可视化需求。

(3) 支持动态数据更新和交互操作：能够生成具有交互性的图表，用户可以通过图表进行数据的筛选、缩放等操作。

(4) 集成能力强：可集成 Flask、Django 等主流 Web 框架，方便在 Web 应用中使用。

Pyecharts 支持多种图表类型，包括但不限于折线图、柱状图、饼图、散点图、地图、热力图等。每种图表都通过对应的类实现，并提供了丰富的配置选项来定制图表的外观和行为。Pyecharts 还支持许多高级功能，如数据区域缩放、图表联动、动态数据更新等。这些功能可以通过设置相应的配置选项或使用特定的图表类型来实现。首次使用 pyecharts 需要使用 pip 命令进行安装(pip install pyecharts)，其基本用法可以归纳为以下几个步骤：

(1) 导入所需模块：根据要创建的图表类型，导入相应的模块和配置选项。

(2) 创建图表对象：使用对应的图表类(如 Bar、Line、Pie 等)创建图表对象。

(3) 添加数据：使用 add_xaxis()和 add_yaxis()方法添加图表数据。

(4) 设置图表配置选项：使用 set_global_opts()方法设置全局配置选项，如标题、图例、提示框等。

(5) 渲染图表：使用 render()方法将图表渲染为 HTML 文件，以便在网页上查看。

Pyecharts 是一个功能强大、易于使用的 Python 数据可视化库，它结合了 Echarts 的优势，为 Python 开发者提供了丰富的图表类型和配置选项。通过 Pyecharts，开发者可以轻松地创建各种高质量的图表，以直观地展示和分析数据。

2. 绘制柱状图展示产品销量情况

以下是一个使用 Pyecharts 绘制基础柱状图的实例，用于展示不同产品的销量。这个实例中包括了数据的准备、图表的创建、数据的添加、图表的配置以及最终图表的渲染。下面，我们可以使用以下代码来绘制基础柱状图：

```
from pyecharts.charts import Bar
from pyecharts import options as opts

# 示例数据：产品名称和对应的销量
categories=["产品 A","产品 B","产品 C","产品 D"]
values=[120,200,150,80]

# 创建柱状图对象
bar=(
    Bar()
    .add_xaxis(categories)  # 添加 X 轴数据，即产品名称
    .add_yaxis("销量", values)   # 添加 Y 轴数据系列(这里只有一个系列，即销量)，并设置系列名称为"销量"
    .set_global_opts(
        title_opts=opts.TitleOpts(title="产品销量柱状图"),  # 设置图表标题
        xaxis_opts=opts.AxisOpts(name="产品"),  # 设置 X 轴名称
        yaxis_opts=opts.AxisOpts(name="销量"),  # 设置 Y 轴名称
        tooltip_opts = opts.TooltipOpts(trigger = "axis", axis_pointer_type = "shadow"),  # 设置提示框
```

```
    )
)

# 渲染图表到 HTML 文件,你也可以直接在 Jupyter Notebook 中显示
bar.render('sales_bar_chart.html')

# 如果你在 Jupyter Notebook 中工作,可以使用以下代码直接显示图表
# from pyecharts.render import make_snapshot
# from snapshot_selenium import snapshot
#
# # 需要安装 snapshot-selenium 和 selenium,以及对应的 WebDriver
# # pip install snapshot-selenium
# # 下载并配置 WebDriver(如 ChromeDriver)
#
# make_snapshot(snapshot, bar.render_embed(), "sales_bar_chart.png")
# bar.render_notebook()
```

注释部分中的 make_snapshot 和 snapshot 是用于在 Jupyter Notebook 中将图表保存为图片并直接显示的额外步骤。这需要提前安装 snapshot-selenium 和 selenium 库,并配置相应的 WebDriver(如 ChromeDriver)。如果只是想要生成 HTML 文件并在浏览器中查看,那么注释部分可以忽略。

运行上述代码后,将会得到一个名为 sales_bar_chart.html 的文件。找到这个生成的文件并用浏览器打开,可以得到图 8-13 所示的柱状图。若将鼠标移动到图表上,还会有对应的动态交互效果,进一步加强了可视化图表的表现能力。

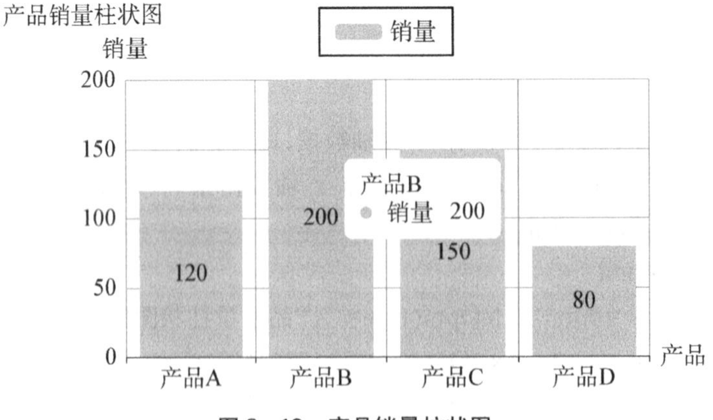

图 8-13 产品销量柱状图

3. 绘制折线图展示一周内某产品销量变化

在 Pyecharts 中我们可以绘制具有动态交互效果的图像，但是直接绘制一个动态折线图（即在 Web 页面上自动更新的图表）不是 Pyecharts 库直接支持的功能，因为 Pyecharts 主要生成的是静态的 HTML 文件或可以在 Jupyter Notebook 中直接显示的图表。然而，我们可以通过一些间接的方法来实现类似动态更新的效果，比如使用 JavaScript 库（如 ECharts 原生支持的 setOption 方法）来更新图表数据，但这通常需要在前端代码中手动实现。

不过，我们可以使用 Pyecharts 来生成一个包含时间序列数据的折线图，并在 HTML 中展示它，虽然这个图表的数据本身不是动态更新的，但可以通过定时刷新页面或使用 JavaScript 来模拟数据的更新。以下是一个使用 Pyecharts 绘制一周内某产品销量变化的折线图的示例，执行结果如图 8-14 所示。

```
from pyecharts.charts import Line
from pyecharts import options as opts

# 示例数据：一周的日期和对应的销量
days=["周一","周二","周三","周四","周五","周六","周日"]
sales=[120,132,101,134,90,230,210]

# 创建折线图对象
line=(
    Line()
    .add_xaxis(days)  # 添加 x 轴数据，即一周的日期
    .add_yaxis("销量",sales,  # 添加 y 轴数据系列，并设置系列名称为"销量"
              is_smooth=True,  # 设置折线为平滑曲线
               label_opts=opts.LabelOpts(is_show=False),  # 不显示数据
标签
              markpoint_opts=opts.MarkPointOpts(
                  data=[
                      opts.MarkPointItem(type_="max",name="最大值"),
                      opts.MarkPointItem(type_="min",name="最小值"),
                  ]
              ),  # 标记最大值和最小值
)
    .set_global_opts(
        title_opts=opts.TitleOpts(title="一周销量折线图"),  # 设置图表标题
```

```
        tooltip_opts=opts.TooltipOpts(trigger="axis"),  # 设置提示框
        xaxis_opts=opts.AxisOpts(type_="category",boundary_gap=False),  #
设置X轴为类目轴,数据之间不留白
        yaxis_opts=opts.AxisOpts(name="销量"),  # 设置Y轴名称
    )
)

# 渲染图表到HTML文件
line.render('weekly_sales_line_chart.html')

# 如果你在Jupyter Notebook中工作,可以使用以下代码直接显示图表
# line.render_notebook()
```

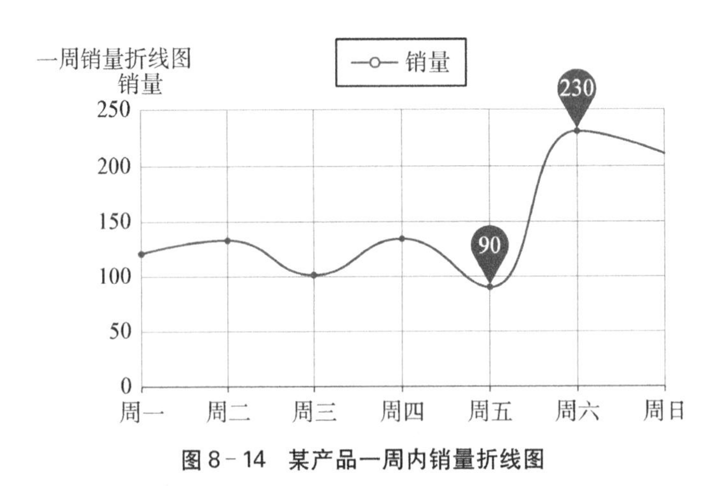

图8-14　某产品一周内销量折线图

执行上述代码后生成了一个HTML文件,展示了某产品一周内每天的销量变化。虽然这个图表的数据本身不是动态的,但我们可以通过JavaScript来定期更新图表的数据(这通常需要在前端页面中使用Ajax请求来获取新的数据,并使用ECharts的setOption方法来更新图表)。若想要在页面上实现真正的动态效果,可能需要考虑使用其他支持实时数据更新的技术栈,如使用WebSocket来推送数据更新,或者使用JavaScript的setInterval函数来定时请求数据并更新图表。这些都需要在前端JavaScript代码中实现,而不是在Pyecharts中直接完成。

4. 绘制饼图展示不同部门员工比例

Pyecharts中的饼图(Pie)功能是一种非常直观且常用的数据可视化工具,主要用于展示不同分类或数据点在总体中的占比情况。在Pyecharts中,使用Pie类可以方便地创建饼图。通过add()方法添加数据,并通过设置不同的参数来自定义饼图的样式和显示效

果。例如，可以设置饼图的标题、图例、标签、颜色等。

下面，我们将使用 Pyecharts 的 Pie 类来绘制一个表示不同部门员工比例的饼图：

```
from pyecharts.charts import Pie
from pyecharts import options as opts

# 示例数据：部门名称和对应的员工数量
departments=["技术部","市场部","人事部","财务部","客服部"]
employees=[40,30,20,15,10]

# 创建饼图对象
pie_chart=(
    Pie()
    .add("", [list(z) for z in zip(departments, employees)])  # 注意：虽然这里使用
了列表的列表，但更简洁的方式是直接传入元组的列表
    .set_global_opts(
        title_opts=opts.TitleOpts(title="部门员工比例饼图"),  # 设置图表标题
        legend_opts=opts.LegendOpts(orient="vertical", pos_left="left", pos_
top="15%"),  # 设置图例为垂直显示，并调整位置
    )
    .set_series_opts(label_opts=opts.LabelOpts(formatter="{b}: {c} ({d}%)"))
  # 设置标签的格式化字符串，显示类别、数值和百分比
)

# 注意：上面的 add 方法中，第一个参数是空字符串""，因为在较新版本的
Pyecharts 中，
# 当使用 add 方法添加数据时，如果数据已经是元组的列表形式，则第一个参数（系列
名称）可以省略或设置为空字符串。
# 然而，为了更清晰和符合最新实践，我们可以直接使用元组的列表作为 add 方法的参
数，如下所示：

# 更简洁的 add 方法调用方式
pie_chart=(
    Pie()
    .add("员工比例", [(dept, emp) for dept, emp in zip(departments, employees)])
# 直接传入元组的列表，并设置系列名称为"员工比例"
    .set_global_opts(
```

```
        title_opts=opts.TitleOpts(title="部门员工比例饼图"),
        legend_opts=opts.LegendOpts(orient="vertical", pos_left="left", pos_
top="15%"),
    )
    .set_series_opts(label_opts=opts.LabelOpts(formatter="{b}: {c} ({d}%)"))
)

# 渲染图表到 HTML 文件
pie_chart.render('department_employee_pie_chart.html')

# 如果你在 Jupyter Notebook 中工作,可以使用以下代码直接显示图表
# pie_chart.render_notebook()
```

在上面的代码中,使用以列表为元素的列表作为 add 方法参数的方式,随后额外提供了一种更简洁且符合最新 Pyecharts 实践的方法,即直接使用元组的列表,并明确指定系列名称。运行这段代码后,将得到一个名为 department_employee_pie_chart.html 的 HTML 文件。用浏览器打开它,可看到一个显示不同部门员工比例的饼图,如图 8-15 所示。饼图的每个扇区都标注了部门名称、员工数量和占比。

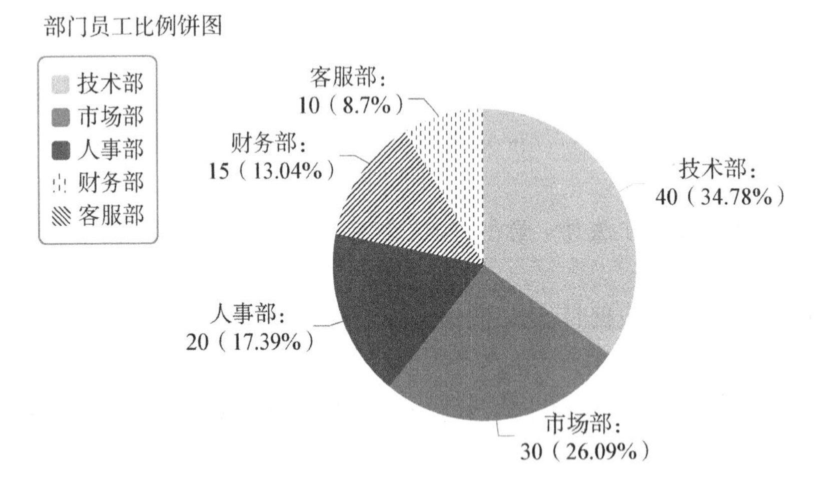

图 8-15　各部门员工比例饼图

饼图适用于展示分类数据在总体中的占比情况,但不适合展示数据量过大或分类过多的情况,因为此时扇形区域会过于细小,难以区分。在使用饼图时,应确保所有分类的占比之和为 100%,否则可能会导致显示错误。通过 Pyecharts 的 Pie 功能,用户可以轻松创建出美观、直观、易于理解的饼图,从而更有效地展示和分析数据。

5. 绘制漏斗图展示用户转化率

漏斗图主要用于展示业务流程中各个环节的转化率，如用户从浏览商品到最终购买的转化率。通过漏斗图，可以直观地看到哪个环节存在瓶颈，从而进行针对性的优化。以下实例将用户从浏览商品到最终支付的转化率数据进行了可视化，执行结果如图8-16所示。一个电商网站的用户转化流程，主要包括浏览商品、加入购物车、结算页面和支付成功四个环节，每个环节的用户数或订单数都具有分析价值。

```
from pyecharts.charts import Funnel
from pyecharts import options as opts

# 准备数据
# 假设我们有一个电商网站，以下是用户从浏览商品到最终支付的转化率数据
stages=["浏览商品","加入购物车","结算页面","支付成功"]
values=[100,80,60,40]  # 每个阶段的用户数或订单数

# 创建漏斗图
funnel=(
    Funnel()
    .add(
        series_name="用户转化漏斗",
        data_pair=list(zip(stages,values)),
        # 设置标签位置，可以根据需要调整
        label_opts=opts.LabelOpts(position="inside"),
        # 设置排序，这里按照值从大到小排序
        sort_="ascending"
    )
    .set_global_opts(
        title_opts=opts.TitleOpts(title="用户转化漏斗图"),
        legend_opts=opts.LegendOpts(is_show=False),   # 隐藏图例，因为这里
只有一个系列
    )
)

# 渲染图表到 HTML 文件(也可以直接在 Jupyter Notebook 中显示)funnel.render
('user_conversion_funnel.html')
```

```
# 如果你在 Jupyter Notebook 中,可以使用以下代码直接显示图表
# funnel.render_notebook()
```

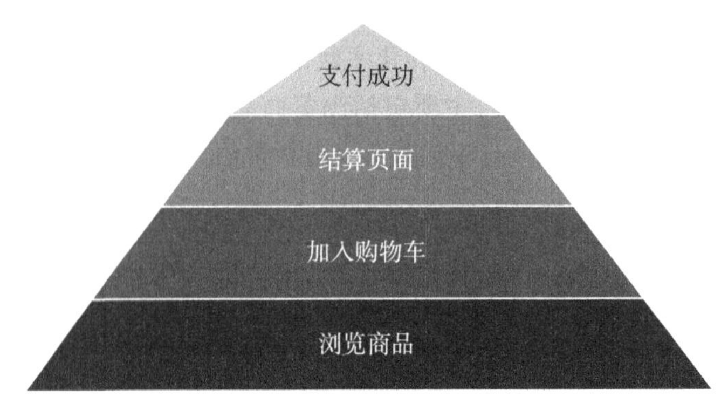

图 8-16 用户转化率漏斗图

在上述代码中,可视化了一个电商网站的用户转化流程,包括浏览商品、加入购物车、结算页面和支付成功四个环节。首先,需要使用 Funnel()类创建漏斗图对象,并通过.add()方法添加数据。data_pair 参数接收一个列表,列表中的每个元素都是一个元组,表示漏斗图的一个环节和对应的值。在全局配置时,通过.set_global_opts()方法设置全局配置项,包括标题、图例等。在这个例子中,设置了标题为"用户转化漏斗图",并隐藏了图例(因为只有一个系列)。最后,使用.render()方法将图表渲染为 HTML 文件。如果使用的是 Jupyter Notebook,可以使用.render_notebook()方法直接在 Notebook 中显示图表。

练习题

(1) 使用 matplotlib 库绘制一个表示某股票在过去一年内每月收盘价的折线图。

以下是数据:

```
months=['Jan', 'Feb', 'Mar', 'Apr', 'May', 'Jun', 'Jul', 'Aug', 'Sep', 'Oct', 'Nov', 'Dec']
prices=[120,130,115,140,150,135,160,155,145,170,165,180]
```

(2) 使用 seaborn 库绘制一个箱型图,展示不同年级学生的数学成绩分布情况。

以下是数据:

```
import pandas as pd

data={'Grade': ['7th', '7th', '7th', '8th', '8th', '8th', '9th', '9th', '9th'],
      'Math Score': [75,85,90,80,70,95,88,92,87]}
df=pd.DataFrame(data)
```

(3) 使用 matplotlib 库绘制一个散点图,展示城市人口与犯罪率之间的关系。

以下是数据:

```
population=[500000,600000,700000,800000,900000]
crime_rate=[2.5,3.0,2.2,2.8,3.5]
```

(4) 使用 seaborn 库绘制一个热力图,展示不同时间段和地区的销售额数据。

以下是数据:

```
import pandas as pd
import numpy as np

# 生成模拟数据
np.random.seed(0)
data=pd.DataFrame(np.random.rand(10,4),
                  index=['00:00-01:00','01:00-02:00',...,'23:00-00:00'],
# 完整填写 24 小时
                  columns=['Region A','Region B','Region C','Region D'])
```

(5) 使用 pyecharts 库绘制一个柱状图,比较不同国家的 GDP 增长率。

以下是数据:

```
countries=['China','USA','Japan','Germany','UK']
gdp_growth=[6.5,2.3,1.2,3.4,4.1]
```

(6) 使用 matplotlib 库绘制一个饼图,展示公司不同部门的员工占比。

以下是数据:

```
departments=['技术部','市场部','人事部','财务部']
employee_counts=[120,80,40,60]
```

(7) 使用 seaborn 库绘制一个条形图,对比不同城市的平均气温。

以下是数据:

```
import pandas as pd

data={'City': ['New York','Los Angeles','Chicago','Houston'],
      'Average Temperature (℃)': [12,18,8,20]}
df=pd.DataFrame(data)
```

(8) 使用 pyecharts 库绘制一个雷达图,评价不同手机的性能(如相机、电池、屏幕、处理器、价格)。

以下是数据：

```
# 假设我们有以下数据
brands=["Brand A","Brand B","Brand C"]
camera=[90,85,95]
battery=[80,90,85]
screen=[95,90,92]
processor=[92,88,90]
price=[500,600,450]  # 假设价格越低,评分越高(为了雷达图可视化,这里我们可能需要转换这个指标)

# 由于价格与其他指标不同(通常是越低越好),我们可能需要将其转换,例如通过最大值减去当前值来标准化
max_price=max(price)
normalized_price=[max_price-p for p in price]

# 合并数据
from pyecharts.charts import Radar
from pyecharts import options as opts

schema=[
    opts.RadarIndicatorItem(name="相机",max_=100),
    opts.RadarIndicatorItem(name="电池",max_=100),
    opts.RadarIndicatorItem(name="屏幕",max_=100),
    opts.RadarIndicatorItem(name="处理器",max_=100),
    opts.RadarIndicatorItem(name="价格(反向)",max_=max_price)  # 注意这里我们标记为反向,实际绘制时需要处理
]

data=[
    (brands[0],[camera[0],battery[0],screen[0],processor[0],normalized_price[0]]),
    (brands[1],[camera[1],battery[1],screen[1],processor[1],normalized_price[1]]),
    (brands[2],[camera[2],battery[2],screen[2],processor[2],normalized_price[2]]),
```

```
]

radar=(
    Radar()
    .add_schema(schema=schema)
    .add_data_pair(series_name="",data_pair=data)
    .set_series_opts(label_opts=opts.LabelOpts(is_show=False))
    .set_global_opts(title_opts=opts.TitleOpts(title="手机性能雷达图"))
)

# 注意:由于价格已经反转,雷达图上的"价格"部分将表现为越低越好(即离中心越远越好)
# 但在实际业务中,这种处理方式可能需要根据具体需求来调整

# 渲染图表(这里不直接渲染,因为通常是在 Jupyter Notebook 或保存为 HTML)
# radar.render('phone_performance_radar_chart.html')
```

(9) 使用 matplotlib 库绘制一个堆叠柱状图,展示不同年份中,不同部门对公司总收入的贡献。

以下是数据:

```
years=['2020','2021','2022']
departments=['技术部','市场部','人事部','财务部']
income=[
    [100,150,50,75],   # 2020 年
    [120,180,60,90],   # 2021 年
    [130,200,70,100]   # 2022 年
]

# 注意:这里需要处理堆叠柱状图,matplotlib 的 bar 函数可以通过 bottom 参数实现堆叠
```

(10) 使用 seaborn 库绘制一个小提琴图,展示不同年龄段人群的身高分布情况。

以下是数据:

```
import pandas as pd
import numpy as np
```

```
# 生成模拟数据
np.random.seed(0)
ages=np.repeat([20,30,40,50],100)
heights=np.concatenate([
    np.random.normal(170,10,100),   # 20岁
    np.random.normal(175,10,100),  # 30岁
    np.random.normal(172,10,100),# 40岁
np.random.normal(168,10,100) # 50岁
])
```

参 考 文 献

[1] 朱扬勇. 大数据技术[M]. 上海：上海科学技术出版社，2023.

[2] 杨力. Hadoop 大数据开发实战[M]. 北京：人民邮电出版社，2019.

[3] 林子雨. 大数据导论[M]. 北京：人民邮电出版社，2024.

[4] 冯明卿，袁帅，王晓燕. Hive 数据仓库实践[M]. 北京：中国电力出版社，2024.

[5] 王礼星. Spark 大数据处理[M]. 郑州：河南科学技术出版社，2021.

[6] 王道平，蒋中杨. 大数据处理[M]. 北京：北京大学出版社，2020.

[7] 袁丽娜. 大数据技术实战教程[M]. 大连：大连理工大学出版社，2023.

[8] 徐鲁辉. 大数据技术实战案例教程[M]. 西安：西安电子科技大学出版社，2022.

[9] 黄东军. Hadoop 大数据实战权威指南[M]. 北京：电子工业出版社，2019.